一个女孩的精神分析治疗笔记

[英]唐纳德·W.温尼科特 ◎ 著
张积模 江美娜 ◎ 译

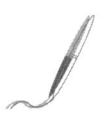

民主与建设出版社
·北京·

只 为 优 质 阅 读

好
读
―――
Goodreads

自序

本书虽然归于我的名下,但其中一部分是由一个昵称为"小猪猪"[1]的小女孩(加布里埃尔)的父母写的。这本书由两部分构成:一部分是我与加布里埃尔父母之间有关这个小女孩的书信往来,另一部分是我试图详细记录精神分析的临床笔记。我添加了一些评论,希望不会左右读者对患者疾病的材料及治疗过程的看法。

现在,出现了一个问题,即公开出版分析治疗过程中的私密细节是否公平。好在患者的父母已经表明,他们认为,即便加布里埃尔日后偶然见到此书,公开治疗过程也不会对她造成伤害[2]。

---

1 在英国,"小猪猪"是一个昵称,通常用来指孩子。
2 小患者的妈妈提供了一些与治疗记录有关的评论,本来没有打算公开发表。不过,其中一些评论在此书中一并收录。

在我看来，治疗过程并没有结束。患者很小，就在分析治疗开始成功之际，患者的发育过程便将治疗取代。所以，很难说这样的儿童分析治疗算是完成了。从这个案例中可以看出，起初，儿童的疾病情况控制着整个局面，以至于我们很容易将临床疗效归因于分析治疗工作。然而，随着时间的推移，孩子开始从构成疾病的僵硬的防御组织模式中解脱出来。此时，很难将临床疗效和情感发育、治疗工作和业已解脱的发育成熟过程区分开来。

孩子的父母在1964年1月联系过我。那时，加布里埃尔只有2岁零4个月大。治疗都是"按需治疗"。在第14次会诊时，小女孩正好5岁[1]。

在整个分析治疗中，由于孩子住的地方离伦敦比较远，治疗是"按需"进行的，而这影响了治疗结果的问题。"按需治疗"的方法没有理由不继续下去，也许，还应不时加入强化治疗阶段。遥远的未来无法预测，也无须预测。然而，在这个案例中，可以看到，与父母相比，分析师更能容忍孩子的症状。孩子一旦进入治疗，父母往往会认为，症状的出

---

1 原文有误，此处应为4岁零6个月。——译者注

现一定意味着孩子必须回到治疗中去。孩子一旦开始接受治疗，她在自己温暖舒适的家中的丰富症状就被忽略了。实际上，儿童治疗中非常有价值的干预目的就是，帮助儿童的家庭成员提高他们对儿童症状表现的容忍能力，以及帮他们应对儿童情绪发展过程中那些情绪压力和暂时无理取闹的临床表现，甚至是发展本身的状态。

在这方面，"按需治疗"的方法比一周五次的常规治疗方法要有优势。另外，我们认为，妥协是没有价值的。儿童要么接受一天一次的常规治疗，要么接受按需治疗。一周一次的治疗几乎成为一种广为接受的妥协模式，但其价值令人怀疑，因为它不但落了个两头空的结果，而且，还阻碍了治疗的进一步深入。

读者可能会发现，这个孩子的临床状态在父母同期的书信中描述得很详细。尽管描述的初衷并不是为了出版，而是为了给分析师提供信息依据，然而，从中可以看出，在接受了几次会诊治疗之后，加布里埃尔的病情有了一个主要特征，且形成了一种明显的疾病模式。渐渐地，这种疾病模式在某种程度上得以缓解，逐渐让位给一系列不得不再一次经历的成熟阶段。这些阶段必须重新经历，尽管它们在加布里埃尔的婴儿期（在妈妈再次怀孕之前）已经得到了满意的体验。然而，从对精神分析工作的描述中，读者可以看到，这个孩子的人格基本上是健康的。这一点对分析师来说一直是十分明显的，即使当孩子在门诊和家中真的生病的时候。按需治疗有其自身的动力，从一开始效果就很明显，而父母和患者对分析师的信心无疑使其得到了加强。对分析工作的描述表明，从一开始，加布里埃尔就主动配合。而且，她每次来做治疗时，都会带来一个自己可以展示的问题。每一次，分析师都有一种感觉，即孩子在向他陈述一个具体问题，尽管在许多不为人知的游戏、行为或谈话中似乎并没有什么明确的方向。这些不明确的游戏阶段显然构成了一个重要特征，即混乱中孕育出了方向感。孩子能够出于真正的需求进行沟通，而这种需求促使她要求继续会诊。

唐纳德·W.温尼科特
皇家内科医师学会会员
1965年11月22日

译者的话

本书《一个女孩的精神分析治疗笔记》译自 *The Piggle: An Account of the Psychoanalytic Treatment of a Little Girl*（《小猪猪的故事：一个小女孩的精神分析治疗笔记》），讲述了一名昵称为"小猪猪"的两岁女孩自妹妹出生之后，便陷入情绪困扰的真实故事。本书的内容包括作者对该女孩进行的十六次治疗的详细过程和作者与女孩父母之间的通信往来，从中可以发现精神分析治疗法在治疗儿童精神障碍方面的神奇作用。

本书作者唐纳德·温尼科特（1896—1971）是英国著名的精神分析学家。他曾经在女王儿童医院和帕丁顿绿色儿童医院从事了40年的儿科医生和精神分析师的工作，担任过英国精神分析协会的主席，是继奥地利精神分析学家、儿童精神分析研究先驱梅兰妮·克莱茵（1882—1960）之后被一般英国大众熟知的客体关系理论大师，是弗洛伊德（1856—1939）之后的精神分析流派中的领导人物，具有非凡的创新精神和独特的视角。然而，与弗洛伊德强调本能作用不同的是，温尼科特通过大量著作阐释了母亲与孩子之间的相互作用，将克莱茵所强调的母亲对孩子人格发展的关键性影响扩大到孩子周围的环境，将儿童自我建构提升到社会化层次，乃至文化领域的影响。

从本书的内容中可以看出，无论是孩子的成长，还是成长过程中的修复工作，都离不开父母的直接参与。作为父母，不光要为孩子提供优越的物质条件，还要关心孩子的心理成长。换句话说，为人父母，应该与孩子一起成长，共同进步，而这正是很多父母在育儿过程中所忽略或缺乏的关键因素。相信本书会给正在育儿第一线苦苦挣扎的父母带来一线光明，提供有益的借鉴。

目录

患者父母来信	/ 001
第 1 次会诊(1964 年 2 月 3 日)	/ 005
第 2 次会诊(1964 年 3 月 11 日)	/ 021
第 3 次会诊(1964 年 4 月 10 日)	/ 041
第 4 次会诊(1964 年 5 月 26 日)	/ 061
第 5 次会诊(1964 年 6 月 9 日)	/ 075
第 6 次会诊(1964 年 7 月 7 日)	/ 087
第 7 次会诊(1964 年 10 月 10 日)	/ 101
第 8 次会诊(1964 年 12 月 1 日)	/ 113
第 9 次会诊(1965 年 1 月 29 日)	/ 129
第 10 次会诊(1965 年 3 月 23 日)	/ 143

第 11 次会诊（1965 年 6 月 16 日） / 157

第 12 次会诊（1965 年 10 月 8 日） / 173

第 13 次会诊（1965 年 11 月 23 日） / 191

第 14 次会诊（1966 年 3 月 18 日） / 209

第 15 次会诊（1966 年 8 月 3 日） / 219

第 16 次会诊（1966 年 10 月 28 日） / 233

患者父母的编后记 / 238

患者父母来信

——摘录自患者父母写给我的第一封信,由母亲执笔

1964年1月4日

不知您有没有时间看看我们的女儿？她叫加布里埃尔，她已经2岁零4个月了。她很苦恼，晚上睡不好觉，这有时似乎会影响她的生活质量以及她与我们的关系。

这里有几个细节。

很难把她描述成一个婴儿，她看起来就像一个大人，给人的感觉是智商很高。在喂养方面，她似乎没有什么特别之处，一切都很自然，也不费力，断奶也一样。她母乳喂养了9个月[1]。她平衡能力很强，学走路时，几乎从不摔跤。摔倒了，几乎从来不哭。从一开始，她对爸爸就非常热情，对妈妈则是专横霸道。

---

[1] 我后来才知道，患者的妈妈在女儿这个年龄也有过弟妹诞生的经历。

她21个月大的时候,有了一个妹妹(现在7个月大了)。我认为,这对她来说有点太早了。妹妹过早的到来以及(我也认为)我们对此的焦虑似乎都给她带来了巨大的变化。

她很容易变得烦躁和郁闷,这种情况以前并不明显。她突然非常在意她的身份,妹妹的到来给她带来了极大的悲伤。不过,随之而来的公开的对妹妹的嫉妒并没有持续很久。目前,姐妹二人都在对方身上找到了乐趣。对于在她眼里几乎不存在的妈妈,加布里埃尔表现出了更多的热情,尽管有时也抱有怨恨。而对于爸爸,她变得明显冷淡了。

我不打算再提供更多的细节了。不过,有一点不得不提。那就是她脑子里总是产生一些幻觉,弄得她深更半夜还冲着我们大喊大叫。

她认为自己有一个"黑妈妈"和一个"黑爸爸"。每到晚上,黑妈妈就跟着她进来。有时,她被黑妈妈放进厕所。黑妈妈住在她的肚子里,可以与她交谈。黑妈妈经常生病,很少好转。

早期,她还有一个幻想,与"babacar"有关。每天晚上,她都一遍一遍喊着:"给我讲讲爸爸轿车的事儿,知道多少讲多少。"黑妈妈和黑爸

疾病的临床描述

爸经常一起坐在爸爸轿车里，或者一个人坐在车上。只是偶尔的时候，有一只黑色的"小猪猪"出现。（凑巧加布里埃尔的昵称是"小猪猪"。）

在刚刚过去的一段日子里，她每天晚上都会把自己的脸抓伤。

通常情况下，她看上去很自然、很主动、很有活力。但是，我们认为，此时此刻我们真的需要您的帮助，以免她为了应对痛苦而变得麻木、破罐子破摔。

临床表现恶化

自从我给您写信以来，事情没有任何起色。现在，小猪猪在玩游戏时很难集中精力，她甚至不敢承认自己的存在。她动不动就说自己是"爸爸"，更多的时候说自己是"妈妈"。她还说："小猪猪走了，去找爸爸轿车了。小猪猪是黑色的。两只小猪猪都坏坏的。妈妈，为爸爸轿车哭吧！"

我跟她说，我已经给温尼科特医生写信了。我说，温尼科特医生知道爸爸轿车和黑妈妈的事情。从那以后，她不再每夜恳求我们给她讲爸爸轿车的事儿了。有两次，她突然跟我说："妈妈，带我去找温尼科特医生吧。"

第1次会诊

（1964年2月3日）

父母把小猪猪带来了。一开始，大家在诊疗室里待了一段时间，小猪猪看上去很严肃。

我把他们三人带到候诊室，然后，试图把小猪猪带回诊疗室。她显然有点不太愿意，在走廊上对妈妈说："我害羞！"

首次沟通

于是，我让她妈妈和她一起进来。她妈妈坐在沙发上，小猪猪在她旁边。

现在，我坐在诊疗室后面的地板上玩玩具。我对小猪猪（我不看她）说："去把泰迪熊拿过来，我想给它看看玩具。"她马上走了过去，把泰迪熊拿了过来。接着，她自己玩了起来，主要是从一堆凌乱的玩具中找出火车零件。她口中念念有词："找到了……（不管是什么零件。）"大约过了5分钟，她妈妈出去了，进了候诊室。我们让门开着，这对于测试小猪猪来说很重要。随后，听她一遍一遍地说道:"还有这个……还有这个。"这些话都与火车头有关。但是,她说什么并不重要,我把这个当作一种交流。我接着她的话说:"还有一个宝宝,苏斯宝宝[1]。"我这样说显然是对的,因为她开始给我讲她印象里苏斯宝宝降生时的情形。她说:"我当时在小床上睡着了,刚刚吃过奶。"我想,接下来就应该是吃奶瓶。于是,我说:"你刚才是在说你吃奶瓶吗?"她说:"没有。"(后来,我才发现,她其实从未吃过奶瓶,但她见过用奶瓶喂养的婴儿。)所以,我又重复了一遍:"然后,又有了一个宝宝。"这主要是帮助她继续讲述孩子出生的故事。

接着,她拿起一个中心带装饰的圆形物体(那是火车车厢的车轴),问道:"这个东西是从哪里来的?"我如实回答后问她:"宝宝是从哪里来的?"她答道:"小床。"说着,她拿起一个小男人玩偶,试图把它推到玩具车的驾驶座上。玩偶太大了,根本塞不进去。于是,她又尝试通过窗户塞进去。总之,她尝试了各种方式。

---

[1] 苏斯(Sush)是加布里埃尔对 8 个月大的妹妹苏珊(Susan)的称呼。

焦虑——主题的变化

与妈妈接触——安慰

"进不去，卡住了。"然后，她拿起一根小棍儿，往窗户里一捅，说："小棍儿进去了。"她说："我有一只猫，下次，我带猫咪来，下次。"

说到这儿，她突然想见她妈妈。她妈妈来了。我提到了小猪猪和泰迪熊说话的事情。此时，有一些焦虑情绪需要处理。我说："你很害怕，你做过可怕的梦吗？"她说："做过'爸爸轿车'的梦。""爸爸轿车"这个名字，她妈妈早就跟我说过，与"苏斯宝宝"有关。

这时，小猪猪正从玩具羊羔上取下丝带，戴在自己脖子上。我问她："'爸爸轿车'是什么？"她答道："我不知道。我有一个蓝色的……不，这是一个气球。"（她来的时候带了一个泄了气的气球。实际上，我们一开始就是想玩这个气球，结果没有成功。）

她拿起一个小电灯泡，表面是磨砂的，上面画着一个男人的脸。她说："画小人。"我又在灯泡上画了一个人的脸。她拿起一些塑料草莓小篮子，说："我可以把这些东西都放进去吗？"说着，她小心翼翼地把所有东西都装进盒子里。周围有许多零碎物品，有6箱这样那样的东西。她说："我得收拾一下，不能把这儿弄得乱七八糟。"

最后，所有东西一样不落地装进了6个盒子。我在想着下面该怎么做。很明显，我想把黑妈妈的事儿带进来："你生过你妈妈的气吗？"我把黑妈妈和她妈妈联系起来了。

她把所有玩具都收起来后，说："我去找爸爸妈妈。"来到候诊室，她说："我都收拾好了。"

在整个过程中，小猪猪和我一起把玩具都收了起来，放在架子的隔板下面，包括她自己的泰迪熊。而且，我们也把丝带重新系在了小羊的脖子上。

然后，我和小猪猪妈妈谈了一会儿。与此同时，小猪猪爸爸在候诊室里照顾着小猪猪。

与妈妈面谈

小猪猪妈妈说，最近，小猪猪的健康状况恶化了。她不再淘气了，对妹妹也很好。很难用语言形容到底发生了什么，但她的确和以前不一样了。事实上，她不想再做自己了。于是，她说："我是妈妈、我是宝宝。"你不能喊她的名字了。她现在说话嗓门很高,说个没完。这显然不是她的声音。如果她认真起来,声音就很低沉。小的时候,小猪猪不爱说话,但喜欢肢体交流。当妹妹苏珊出生时,妈妈很快就意识到,应该给予小猪猪更多的关爱。有一首歌[1]和小猪猪的童年有关。但是最近,每当父母唱起这首歌时,她都痛哭流涕地喊道:"别唱!不要唱这首歌。"(和我在一起时,她曾哼过一首曲子,当我说起"船已起航"时,她非常高兴。后来我才知道,这首歌是爸爸教她的。)

她不喜欢的这首歌是一首用虚构的英语单词写成的德国歌曲,歌词大意显然与妈妈和婴儿的亲密关系密切相关。小猪猪妈妈的母语是德语,爸爸的母语是英语。

对疾病的进一步描述

说到黑妈妈和爸爸轿车,这里有些细节我不太清楚。小猪猪的噩梦可能与爸爸轿车有关,也可能与火车有关。

---

[1] 小猪猪父母的话:我们把一首老歌改编成了摇篮曲,歌词是……爸爸妈妈会在这里……(当宝宝睡觉时,爸爸妈妈会在这里。)在很长一段时间里,每当有人哼唱这首曲子时,她都会热泪盈眶。现在,我们把歌词改了(因为原先是一首离别曲)。她有时喜欢,有时会喊道:"别唱了!"

这个孩子没有接受过如厕训练。但是，当妹妹到来时，她自我训练了一个星期。她是那种要么不说话，要么说个没完的孩子。她过去很喜欢玩，然而，自从有了变化，她就不再玩了，而是整天躺在自己的小床上，吮吸着拇指。她身体平衡能力一直很好。然而，自从有了变化，她常常跌倒，哭泣，一肚子委屈。她从前一直很霸道，对妈妈总是呼来唤去的。从6个月大开始，她就崇拜自己的爸爸，就会叫"爸爸"了。但是，很快，她就忘了，也不再喊爸爸了。自从有了变化，她似乎把妈妈看作一个独立的人，开始亲近她，对爸爸反而开始疏远了。

几天后，在与妈妈的一次电话交谈中，我了解到，会诊之后，小猪猪自打妹妹出生以来首次允许别人把自己当宝宝看待，不再抗议了。事实上，她进了婴儿床，喝了无数次奶。然而，她不允许任何人叫她小猪猪。她要么是宝宝，要么是妈妈。她认为"小猪猪又坏又黑"。她说："我是宝宝。"她妈妈似乎觉得小猪猪不再那么心烦了。正如她妈妈所说，她有一种将自己的经历符号化的方式。她的父母都觉得很无奈。他们似乎看不到孩子通过内心过程解决问题这种能力的积极方面。另一方面，他们对现状感到不满。不过，在这一点上，他们是对的。

小猪猪躺在床上，莫名其妙地哭了。当她父母向我告别时，她突然说到爸爸轿车，仿佛忘记了什么东西似的。接着，她又说："温尼科特医生不知道爸爸轿车，不知道爸爸轿车。"她还说，泰迪熊想在伦敦，和温尼科特医生一起玩，可她不想。另外，她差点把泰迪熊落在玩具堆里，但在最后一刻想起来了，把它带回了家。看来，她一直很后悔，没能告诉温尼科特医生爸爸轿车的事。这让父母想起了之前黑妈妈和爸爸轿车给她带来的紧张和痛苦，直到"后来突然发生了什么事情"。妈妈不知道爸爸轿车究竟是怎么来的，但它似乎与黑色、黑妈妈、黑色自我和黑人有关。就在一切刚有起色的时候，加布里埃尔突然看上去忧心忡忡，喊了一声"宝宝"，这让前期的努力全都打了水漂。这一点与"黑色在这里意味着仇恨（或者幻灭）已经到来"的观点十分吻合。

还有一个细节，那就是，有时候，妈妈必须"倒下"，把自己弄伤。然后，让小猪猪帮妈妈起来。这再次证明了小猪猪对妈妈的爱和恨同时存在，也证明了她能积极利用自己的妈妈。

两价性
(Ambivalence)

评论

我认为，与妈妈面谈和妈妈对小猪猪的描述都证明了一点。那就是，我一直把"害羞"作为一个关键词语是有道理的。患者正在与妈妈建立一种新的关系，这种关系考虑到了她对妈妈的恨，这是因为她爱爸爸。爸爸的爱并没有融入她的人格，而是与妈妈的关系并存。而在当时，妈妈仍然是一个主观客体[1]。

妹妹的出生给小猪猪带来了焦虑、噩梦以及游戏特权的消失。然而，与此同时，妈妈在她眼里变成了一个独立的人。因此，她意识到了自我的存在，也与爸爸建立了强大的联系。想必"黑妈妈"是她对妈妈先入为主的主观观念的残留物。

当我回顾会诊的细节时，我认为，最重要的

---

[1] 主观客体，参见温尼科特《游戏与现实》，伦敦塔维斯托克出版社1971年版，第80页。也可以参阅《成熟过程和促进性环境》，纽约国际大学出版社1965年版，第180—181页。

部分一开始就发生了。当时,小猪猪回应了我对"还有一个宝宝"的解释,坚称自己是婴儿床里的小"宝宝"。接着,就出现了"宝宝是从哪里来的?"这个恰如其分的后续问题。这里透着一种成熟,而这种成熟在2岁零5个月大的孩子身上并不总是那么明显。

以下是此次会诊中需要注意的一些要点:

1. "我害羞"是小猪猪自我力量和自我组织的证据,也是小猪猪将分析师视为"爸爸般的男人"的证据。

2. 问题始于新生婴儿的到来,这迫使小猪猪提前进入"自我"发展期。而她对这种矛盾心理还没有做好充分的准备。

3. 紊乱的迹象:爸爸轿车、与黑色有关的描述、噩梦等。

4. 沟通能力。

5. 临时解决方案:退回到婴儿床里的宝宝。

父母来信,由父亲执笔

感谢您能接待我们。正当我们不知如何能更

好地与您沟通时,您打来了电话,这对我们来说帮助很大。

正如您现在所知道的那样,小猪猪在去看您之后的第二天,便躺在婴儿床里吃奶。我当时就觉得,这并不能使她完全满意。果不其然,没过多久,她就放弃了。她现在的身份,一会儿是任性的"小宝宝",一会儿是纵容的"大妈妈"。但是,她从来都不是她自己。她甚至不允许我们称呼她的名字。她说:"(小猪猪)走了,是黑色的,两只都是黑色的。"

就寝仍然很困难。她通常晚上九、十点还不睡,都是因为"爸爸轿车"。白天,在玩得开心之后,她两次说道:"哭啊,妈妈。"我问:"为什么呀?"她回答:"因为爸爸轿车。"爸爸轿车似乎与黑妈妈有关。但是,就在前几天,第一次出现了一个"好妈妈"。那种似乎不属于她的低低的焦虑拘谨的声音不再那么明显了。她的那种声音主要是用来谈论"宝宝"的,就是"爸爸轿车"中的"宝宝"。这里的"宝宝"指的是她的洋娃娃,不是她妹妹。她和妹妹苏珊也就是她嘴里的"苏斯宝宝"关系很好。她对妹妹很有同情心,尽管偶尔也会欺负她。她们一起乱喊乱叫，快乐极了。有好几次，她不无遗憾地说"温尼科特医生不知道爸爸轿车"，还说"不要带我去伦敦了"。还有一个错误信息，即她是坐轿车去的（实际上，她是坐火车去的。可能是我误解，我没有和她核实过）。在接下来的几天里，这个话题再也没有提过，一直到她想不起那首歌的时候。她让我带她去看温尼科特医生。可是，第二天，她又变卦了。接着，她开始玩"火车拉着玩具去伦敦"的游戏，就是"边玩边聊"的游戏。在最后的几天里，我扮成小猪，她扮成妈妈。她说："我要带你去看温尼科特医生。你要说不去。"——"为什么呀？"——"因为我要你说不去。"

在过去的两三天里，她非常强烈地要求我带她去看温尼科特医生。第一次是在我说她似乎很伤心的时候。她说她整个上午都很伤心："带我去看温尼科特医生吧。"我说我会写信告诉温尼科特医生，说她很难过。昨天晚上，她做了一个噩梦。梦里有爸爸轿车，有黑妈妈。黑妈妈反反复复一五一十地说着一个新的幻觉。在那个幻觉里，每个人都弄了一身泥浆，或者，像牛一样发出"哞

边注：
- 负面情绪——阻抗
- 移情中的矛盾心理
- 玩具混乱场面的反应

哞"的声音。

和以往一样,她仍然是无精打采,郁郁寡欢。不过,比以前爱玩多了,而且,又开始对一些事物产生兴趣了。这是令我们感到鼓舞的地方。

与苏珊出生前相比,她对爸爸还是很冷淡的。她似乎只有在扮演婴儿时才会变得温柔。每当遇到新鲜事儿、高兴事儿或者不认识的人,她都会说以前见过。"我还在婴儿床里的时候就见过。"我们还无意中听到她在夜里呼唤孩子的名字,说话的语气非常温柔。

> 对前两价性妈妈的记忆和对现在真实妈妈的责备

您说得对。我们在理解她的痛苦方面显得过于"聪明"了。在生她妹妹这件事上,有点操之过急,现在感到很内疚。不知为什么,她每天晚上都会近乎绝望地恳求我们给她讲讲"爸爸轿车"的事儿,这迫使我们一定要说一些有用的话。

我们从未告诉过您她婴儿时的事情。婴儿时的她看上去非常沉稳,喜欢肢体交流,给人一种可以主宰自己世界的感觉。我们努力地保护着她,不让她受外界影响,以免她的世界变得太复杂。我认为,在这一点上,我们做得还是很成功的。苏珊出生时,加布里埃尔不知何故像变了个人似的,仿佛失去了成长所需的营养。看到她变得弱小可怜,我们感到很痛心。她自己很可能已经意识到了这一点。这使得我们两人(夫妻)之间一度关系紧张。

正如您所说的那样,虽然还没到很糟的地步,但是,她似乎无法完全找回原来的自己。我们认为,您可能会喜欢看一些典型的照片,这可能会让您对她的情况有一个更好的判断,而不是仅仅依赖于我们对她的描述。

母亲来信

在您看到小猪猪之前,我想再给您寄去一些文字。

她现在情况似乎不错,看待事物的方式非常合理,不过,也颇有些伤感。我们无意间听到她在床上说:"不要哭,小宝贝。'苏斯宝宝'(Baby Bablan)来了,'苏斯宝宝'真的来了。"她说"有个妹妹多好"等诸如此类的话。但是,我觉得,她这是以极大的代价在经营自己。

她花大把大把的时间整理、清洁、洗涤。可以说,逮着什么洗什么。否则,她就不怎么玩了,而且，她常常感到无所适从和失落。她还花了大量时间让她的"宝宝"（一个洋娃娃，一个高度理想化的人物）感到舒服自在。

她现在表现得非常"顽皮"，比如，上床前，会又踢又打又叫。生气的时候，她整个人好像停摆了似的，急切地说道："我是宝宝！我是宝宝！"夜里，也很难入睡，而她说这都是"因为宝宝"。

> 在顽皮中自我得到发展

最近，常听她口中念念有词，说什么"爸爸轿车正把黑暗从我这里带给你。现在，我很害怕你""我害怕黑色的小猪""我很坏"之类的话（我们从来不说她是坏女孩之类的话）。她害怕黑妈妈，害怕小黑猪。究其原因，她说："因为他们让我变黑。"

我说，她一定渴望有一个干净漂亮的妈妈。她说，她小时候有一个。

> 联系到矛盾心理前主观的妈妈

一想到能见到您，她似乎很高兴。偶尔，在遇到困难时，她会说"问问温尼科特医生"。

（对了，我得说一下，免得您听不懂。她不会发R的音。遇到R时，她一律发成Y的音。比如，她会把Roman说成Yoman。）

父母的焦虑减轻了

您能为她看病,这对我们来说是莫大的欣慰。我知道您平时患者很多,不只是对小猪猪额外施恩,这让我们心里多少感觉轻松一点。对我们来说,似乎也算是一件好事。

她说要去看您,告诉您爸爸轿车的事儿。现在,爸爸轿车似乎能把黑暗从一个人身上带到另一个人身上。

父亲来信摘录

几周前,一个父爱满满的牧师朋友来家里喝茶,小猪猪感到非常害羞。昨天,当我们谈起他的时候,她说:"我很害羞。"我说,他是一个"爸爸般的男人"(她以前经常这样形容这个人),这让人感到害羞。她沉默了。过了很久,她说:"温尼科特医生。"然后,又陷入了沉默。就是这样[1]。

---

1 这进一步证明,第一次会诊的线索是"我害羞"。

第2次会诊

(1964年3月11日)

小猪猪（2岁零5个月[1]）和她爸爸（妈妈在家照顾苏珊）来到我办公室门口。她想去诊疗室，但这需要等待一会儿。于是，她和爸爸一起去了候诊室。爸爸和她谈着什么，他可能在给她读一本书。等我准备就绪，她轻松地走了过来，径直走向诊疗室后面门后的那堆玩具。她拿了一个小火车，给它取了名字。然后，又挑选了一样新的东西，这个玩具是一个蓝色洗眼杯。

　　"这是什么？"说着，她的注意力转向了小火车。"我是坐火车来的。这是什么？"紧接着，她又说了一遍，"我是坐火车来的。"她说的话，对于熟悉她说话方式的父母来说，非常清楚，但是，对我来说，则有些奇怪。她拿起了我们上次玩

---

[1] 原文有误，此处应为2岁零6个月。——译者注

的那个黄色小电灯泡，上面画着一张脸。她说："让它生病。"我只好在灯泡上画一张嘴。接着，她拎起一桶玩具，把它们全部倒了出来。然后，她又不知道从什么地方弄来一个中心穿孔的圆形玩具。

"这是什么？我没有这个。"然后，她拿着一辆小货车说："这是什么？你知道爸爸轿车吗？"我先后两次问她爸爸轿车是什么，她都没办法回应。"是小猪猪的车吗？是宝宝的车吗？"随后，我冒险开始解释了。我说："那是妈妈的肚子，是宝宝出生的地方。"她看上去有点放松，说："是的，里面是黑的。"

似乎是因为刚刚说过的话，她拿来一个桶，往里面填塞"口腔玩具"。桶塞得太满了，玩具一直往外掉。我试图从不同方面来解释她的意图。（每次我说点什么，无论好的坏的，她都会做一个标记。）最通俗的解释似乎是"这是温尼科特的肚子，里面不是黑的"。我说了一些"能看见有东西进入那里"之类的话。我记得，我上次把"因为贪吃把桶装满"与"制造婴儿"联系在了一起。因为桶里东西太多，所以总有东西掉下来。这是精心设计的效果。我认为,这表示"生病了",这和她让我在电灯泡上画个嘴巴所表达的意思是一样的。我现在开始明白究竟是怎么回事了:

  我:温尼科特是小猪猪的宝宝。她非常贪吃,因为她太爱妈妈了。她吃得太多了,生病了。

  小猪猪:小猪猪的宝宝吃得太多了。(她接着说了一些坐着新火车来伦敦的事。)

  我:你想知道的新东西是关于"温尼科特宝宝"和"小猪妈妈"的事,是关于"温尼科特爱小猪妈妈""吃小猪猪""生病"的事。

  小猪猪:是的,没错。

  可以说,至此,这一小节的会诊工作已经完成。

  此时,她的面部表情十分丰富。她转动着舌头,我也转动着舌头。我们就这样交流着,内容包括饥饿、品尝、口腔噪声及口腔感官享受等。这一点非常令人满意。

我说里面可能是黑的。她肚子里面是黑的吗?

> 我:黑暗可怕吗?
> 小猪猪:是的。
> 我:你梦到里面是黑的了吗?
> 小猪猪:小猪猪吓坏了。

然后,是一阵沉默。小猪猪坐在地板上,显得非常严肃。最终,我说:"你喜欢来看温尼科特。"她回答说:"是的。"

我们对视了很久。然后,她走过去,拿起更多的玩具,放在小桶里。这样,"生病"的游戏就可以继续下去了。她把那个电灯泡递给了我。

> 小猪猪:画上更多的眼睛和眉毛。

这些信息已经很清楚了,在此,我把它们说得更明白了。接着,她又拿起一个盒子,把它打开,发现里面有小动物。她立刻翻了翻,从中挑出了两个大一点的柔软的动物。一个是毛茸茸的小羊

巩固移情

羔，另一个是半人半羊的农牧神。她把这两个大一点的动物放在盒子里喂食，并给盒子里的小动物添加了一些玩具："它们正在吃东西。"她用盖子盖住了半个食盒。这是一种过渡现象。在我和她之间是正在进食的毛茸茸的大动物，它们吃的大都是小动物。因此，我认为，她好像是把这当成梦告诉我的。我说："这是我，温尼科特宝宝，来自小猪猪的肚子，是小猪猪生的，非常贪吃，非常饥饿，非常喜欢小猪猪，喜欢吃小猪猪的小手小脚。"

小猪猪一脸严肃地站在那里，一只手插在口袋里。然后，她慢慢地走到房间的另一端，她把那里与成人联系在一起。她久久凝视着窗台上花盆里的番红花。之后，她走向象征妈妈的椅子。快走到时，又转向象征爸爸的蓝色椅子。她坐在那里，说自己就跟爸爸一样。我又一次提到，温尼科特是小猪猪的宝宝。

我：你是妈妈，还是爸爸？
小猪猪：我是爸爸，也是妈妈。

我们看着动物吃东西。然后，她开始玩房间

> 在移情中，温尼科特是贪婪的食人宝宝

的门。她想把门关上,可就是关不上(当时,门闩需要修理了)。于是,她顺势打开,去候诊室找她爸爸。我想,我听她说了句"我是妈妈"。接着,她和爸爸之间谈了很多。我等了很长时间,什么也没做。过了一阵子,她和爸爸一起进来。她手里拿着一顶针织帽子,做出一些举动,意味着她认为该走了。很明显,焦虑在起作用。接着,她和爸爸一起回到候诊室。随后,她拿着外套进来说:"马上要走了。"

> 需要爸爸与我沟通

> 怀疑爸爸无力容忍她的想法

她回到候诊室。我把笔记重新看了一遍。5分钟后,小猪猪大着胆子走进诊疗室,发现我还坐在玩具中间,身旁是装满玩具的小桶,"生病"的玩具撒了一地。她很认真地说:"我可以拿走一个玩具吗?"我想,此时,我非常清楚究竟该怎么做了。

> 小猪猪不贪婪;温尼科特很贪婪

> 我:温尼科特是个贪心的小宝宝,一个玩具也不想给别人。

她坚持只要一个玩具,但我一直重复着游戏角色要求我说的话。最后,她拿了一个玩具,到候诊室去找爸爸。我想我听见她说"宝宝想要所有的玩具"。过了一会儿,她把玩具带了回来。她似乎很高兴,因为我很贪婪。

> 小猪猪:现在,所有玩具都归温尼科特小宝宝了。我要去找爸爸。
> 我:你害怕贪心的温尼科特小宝宝。小宝宝是小猪猪妈妈生的,她爱小猪猪妈妈,想吃了她。

小猪猪扮演妈妈的角色

她向爸爸走去。在离开房间时,她试图把门关上。我听到她爸爸在候诊室里想方设法哄她开心,(当然是)因为他不知道自己在游戏中应该扮演什么角色。

我让爸爸马上进来,小猪猪也一起进来了。爸爸坐在那把蓝色的椅子上。小猪猪知道该做什么。她爬上爸爸的双膝,说:"我害羞。"

过了一会儿,她让爸爸看了看温尼科特小宝宝。这是她生下来的怪物,也是让她害羞的原因:"这是动物吃的食物。"她一边在爸爸膝上表演着各种杂技动作,一边把所有细节都告诉了他。

然后，她开始了游戏中崭新的一章。"我也是宝宝。"她一边大声宣布着，一边脑袋冲着地板，从爸爸的两腿间滑下去。

> 我：我想当唯一的宝宝。我想要所有的玩具。
>
> 小猪猪：所有的玩具都是你的。
>
> 我：是的。但是，我想当唯一的宝宝。我不想家里再有其他宝宝了。（说着，她爬上了爸爸的双膝，又"重生"了。）
>
> 小猪猪：我也是小宝宝。
>
> 我：我想当唯一的宝宝（换了个声调）。我会生气吗？
>
> 小猪猪：会的。

从爸爸身体里"出生"，仿佛是从妈妈的身体出生一样

我弄出了很大的声响，打翻了玩具，拍着自己的膝盖说："我要当唯一的宝宝。"这让她非常高兴，尽管她看起来有些害怕。她对爸爸说，那是羊爸爸和羊妈妈在吃槽里的食物。然后，她继续进行游戏："我也想当小宝宝。"

在此期间，她一直都在吮吸着拇指。每当说

到自己是婴儿时，她都会从爸爸的双腿之间"生出来"，滑落到地板上。她把这个称为"出生"。最后，她说："把宝宝扔进垃圾箱。"我说："垃圾箱里很黑。"我试图弄清我们各自的身份。原来，我是加布里埃尔，而她则是一个接一个出生的婴儿，或者说，是一个新婴儿重复地出生。她还冒出了这么一句："我有一个叫加布——加布——加布的宝宝"（参见她自己的名字"加布里埃尔"）。（其实，她的一个洋娃娃就叫这个名字。）她继续从爸爸的双腿间"出生"到地板上。她是新出生的婴儿，而我必须生气，因为我是温尼科特宝宝，是从肚子里面生出来的，是小猪猪妈妈生的。我必须非常生气，我想成为唯一的婴儿。

"你不是唯一的宝宝。"小猪猪说。说话间，又一个婴儿"出生"了，接着，又是一个。然后，她说："我是狮子。"刚说完，她便发出狮子的叫声。我必须害怕，因为狮子会吃了我。狮子似乎是我贪婪欲望的回归，因为我是温尼科特小宝宝，想要一切，想成为唯一的孩子。

加布里埃尔根据我的答案给出自己的看法，或肯定，或否定。比如说，"是的，没错"。接着，一个狮子宝宝出生了。

> 小猪猪：是的，没错（模仿狮子的吼叫声）。

"我刚刚出生，里面不黑。"此时此刻，我觉得，我上次所做的解释得到了回报。当时，我说，里面的黑暗与憎恨妈妈肚里的婴儿有关。现在，她找到了一种方法：成为婴儿，同时允许我代表她自己[1]。

事情有了新的进展。如今，她找到了一种新的"出生"方式，先爬到爸爸的头顶，然后顺着爸爸的身体滑落在地板上[2]。这看起来很滑稽。我觉得有点对不起爸爸，问他是否能承受得了这样折腾。他回答说："还行。不过，我想脱下外套。"他感到浑身燥热。然而，我们就此打住了，因为小猪猪得到了她想要的东西。

"衣服在哪儿？"她戴上帽子，穿上外套，

首次从黑色恐惧中解脱出来

---

1 妈妈评论：移情的作用在"活动"与"解析"扑朔迷离的关系中显得多么重要。
2 想象的产物；"出生"作为大脑中的一个想法；期望的。

心满意足地打道回府了。

评论

本次诊疗中出现了以下主题：

1. "生病"代表"生孩子"。

2. 怀孕是口腔贪婪、强迫进食的结果（分裂功能）。

3. 黑色的内部，讨厌肚子内部及其内容物。

4. 温尼科特决心通过移情成为迷失的加布里埃尔。这样，她就可以成为新的婴儿，不断复制。

5. 凭借温尼科特=加布里埃尔=贪婪=小婴儿拥有了他自己应该拥有的各种权利。

6. 内部不再是黑色的。

7. 一切源于心智。心智在头脑中找到了具体的位置，仿佛它是大脑一样。

母亲来信

小猪猪从伦敦回来后，没有提到去见您的事情。不过，她当天玩得很开心。总的来说，我们觉得，自打上次见过您之后，她就不像以前那么拘谨了。有时，她又会自己玩了，而且，说话的声音（我认为）也是她自己的。

说到就寝，那天回来后，她说："宝宝医生很生气，宝宝医生又踢又打。我没有把他扔进'废物'……（自我纠正）垃圾桶（垃圾箱）里，也没有盖上盖子。"

第二天晚上，她很兴奋，在床上说了很久。可是，说的具体内容，我根本没有听到。

天亮后，她对我说："我去伦敦见温尼科特医生了。那里噪声很大。温尼科特医生很忙。他是个宝宝。我也是个宝宝。我们没说黑妈妈的事儿。他是个宝宝，脾气很坏。黑妈妈对温尼科特医生非常重要。"说着，她把一个安全别针塞进了水龙头，"用了别针会更好。"接着，她又提到了水再次流出来的事情。她对我说："你是不是进来说这样不好？"我："那一定是在你梦里发生的事情。""是的，你进来了，说不好，说里面很脏。"然后，又说了一些黑妈妈的事情，我没有听清楚。

最近，她常常跟我说，黑妈妈来了，把我

也许与心智功能有关

（小猪猪把自己当成妈妈）变黑了。睡觉前，我必须给"黑妈妈"和"黑苏斯宝宝"打电话。电话内容只能是"哈罗"，不能说别的。

这让我想起一件事来。在她去看您的前一两天（她一直抱怨说，她做了黑妈妈的梦，很吓人），我问她："你睡得好吗？黑妈妈来了吗？"她回答说："黑妈妈不会来，黑妈妈在我肚子里。"

母亲来信

我们将在四月中旬出去旅游，大约三周的时间。

最近，小猪猪深受黑妈妈的困扰。她一直做着噩梦，直到半夜都无法入眠。

"我没有告诉温尼科特医生黑妈妈的事儿，因为他很忙。温尼科特医生很忙，他还是个宝宝。我害怕告诉他黑妈妈的事儿。他脾气不好，他还是个宝宝，我也是个宝宝。我不好意思告诉温尼科特医生黑妈妈的事儿。"

她对黑妈妈最不满的地方是她把小猪猪变黑

了,然后,小猪猪把每个人(甚至爸爸)也都给变黑了。

昨天晚上醒来时,她很"害怕黑妈妈",让爸爸"给黑妈妈拿葡萄干吃"(小猪猪特别喜欢葡萄干)。

她醒来时也害怕"黑苏斯宝贝",因为她把她给变黑了。(前一天,她把苏珊推倒了,这与大家对她的看法相去甚远。)"黑苏斯宝宝"(Sush Baby)来得很频繁,睡前还得给她打电话。(Sush Baby指的是苏珊。)

现在,小猪猪几乎不怎么以"妈妈"或"婴儿"的角色出现了。从她拒绝睡觉等方面来看,她比以前更加淘气了,但往往也更加痛苦了。还有一件事情,就是她的签名。她在写的每一封信上和画的每一幅画上都要签上"宝宝宝兰"(Baby Bablan)。信封上也要签。我不知道这是什么意思。

我想,我告诉过您,小猪猪的宝宝叫作"加布—加布"(Gaby-Gaby)。我认为,那就是她的名字"加布里埃尔"(Gabrielle),是她发音不全所致。[那样的话,应该说"宝宝加布拉"

> 小猪猪想做自己的意识越来越浓了

（Baby Gobla），而不是"宝宝宝兰"（Baby Bablan）。我认为，这是"加布里埃尔"的另一个版本，就像"加利—加利"（Galy-Galy）或"加里—加里"（Galli-Galli）一样。不知道这两个版本有什么不同。]

母亲来信

小猪猪要求见您，看起来很迫切。当我说去法国之前可能没有时间时，她愤怒地说："有时间。"

她今天早上醒来时真的非常愤怒。她撕毁了眼前所有的东西，然后，回到婴儿床上，说想见温尼科特医生。之后，她钻进我的睡袍（当时，我正穿在身上）里，告诉我黑妈妈在梦里把她吃掉了。过了一会儿，她出来了，问我她是从哪儿来的。和以前一样，我告诉她，她是怎么来的。我说，当时，有人把她裹在毛巾里，交给了我。"你把我掉地上了？"——"没有。"——"掉了。毛巾都脏了。"

她最近一直感到挺痛苦的。我认为，和我们

待在一起的时间长了,给她带来的压力很大。周围几乎没有其他孩子。我一直在寻找一所幼儿园,每周送她去一两个上午。可是,幼儿园大都只招全勤的孩子。这样,她肯定受不了。

父亲来信

我们想跟您说一下小猪猪的近况。在过去的几天里,她一直处于极度焦虑不安的状态,并一直在说着这样的话:"我很累。我想见温尼科特医生。"每当问起她想见您的原因时,她总是会说,是因为"爸爸轿车"或"黑妈妈"。她也害怕"黑苏斯宝宝"(就是"苏珊"):"是我把她变黑了。"这也与"黑妈妈"有关。

几乎每天早上,她都想钻到妈妈的睡袍里面,或者让人把她裹在地毯里。她似乎有着一种巨大的"负罪感"。每当她打碎东西或弄脏东西时,都非常担心。有时,她会四处走动,用一种极不自然的声音小声说道:"没关系,没关系。"另外,当她因偶然失误踢到自己很关心的妹妹苏珊时,也会出现类似的反应。她对我们给她买的衣服非常反

抑郁性焦虑

黑色与负罪感相关

感,她说:"白色太多了,我想要一件黑色的运动衫。"她说她可以穿黑色的衣服,因为她又"黑"又"坏"。

我们记录了她昨天的活动,尽管这并非典型的一天。她的情况比平时还要糟糕,她一整天都跟着我们,形影不离。在大多数情况下,我们的帮手"瓦蒂"上午都会和我们在一起。"瓦蒂"是一名上了年纪的女人。小猪猪非常依恋她,就连"瓦蒂"这个名字也是她给起的。

早上,她把她心爱的泰迪熊递给我们。她在泰迪熊的腿上弄了一个洞,里面的填料都给掏出来了。对此,她感到非常苦恼。一整天下来,她都在拼命要求我们给她这个,给她那个,仿佛不打一场硬仗根本得不到似的(而这些东西,我们通常是不会拒绝她的)。她跟妈妈说她想结婚。当我们告诉她等长大了再说时,她反应非常强烈,说:"不行。我现在是大女孩了。"同时,她暗示我们,她太大了,不适合玩玩具了。

现在,几乎每次睡觉前她都会折腾一场,她说她怕黑妈妈来抓她。晚上10点时,她把所有寝具都弄到了地上。她下了床,坚持要把椅子搬到

> 这个游戏后面还会出现

> 摆脱幼稚,向往成熟

隔壁。我说这是她的椅子，只加一个垫子就好。"一个黑色的垫子。那样，我就可以坐在上面了。"——"因为你是黑的？"——"没错，因为我把黑妈妈撕成碎片了。我很担心。"——"你不必担心。"——"我要担心。我屁股很疼。我可以涂点白色的药膏吗？"之后是祈祷、最新的解释和请求保护等。就这样，一遍一遍不厌其烦地重复着。

补充记录："我把温尼科特医生的玩具都清理走了，以免我把它们给弄坏了。"这是小猪猪上次来看您的时候在出租车上说的，我当时忘记告诉您了。

> 与强迫性破坏相关的负罪感

> 利用魔法驱赶可怕的念头

第3次会诊

(1964年4月10日)

对像成年人那样怀孕感到失望的象征

小猪猪（2岁零6个月[1]）看起来没有以前那么紧张了，这种状态一直保持着。她似乎离焦虑状态又远了一步。事实上，我现在才意识到她从前有多么焦虑。我来到候诊室，发现她带着她的"宝宝"，那是一个裹着尿布、戴着安全别针的小洋娃娃。她不好意思跟我进诊疗室，于是，我就一个人进去了。过了一会儿，我出来接她。她给我看了一个小袋子，里面盛着沙子和一块石头。那是从街上弄来的。她不肯进来，所以，我说："爸爸也来。"（这正是她的意思）她把装有沙子和石头的袋子带了进来，把婴儿留在了原处。爸爸坐在房间里的成人区域，有一半时间，他和我们两个是被窗帘隔开的。她径直走向玩具，玩着和上次完全一样

---

1 原文有误，此处应为2岁零7个月。——译者注

的游戏。

  小猪猪：这是干什么的？
  我：你上次问过，我也告诉你了。那就是："宝宝是从哪里出来的？"
  我问石头和沙子："宝宝是从哪里出来的？"
  小猪猪：来自大海。

她拿起别的玩具和小桶，显然，什么都记起来了，所有细节一样不漏。

  小猪猪：这是什么？火车。火车头。火车车厢。货车。

她称其中一个为"小狮子"。然后，她拿起一个小男孩。

  小猪猪：还有另外一个小男孩吗？

她发现了一个小男人和他的妻子。

小猪猪：我喜欢这个（小男孩）。

我帮她扶小男孩坐好。然后，又拿起一个火车头。

小猪猪：我坐火车来伦敦看温尼科特医生。我想知道"黑妈妈"和"爸爸轿车"是怎么回事。
我：我们会搞清楚的。

我就此打住。她继续挑选玩具，挑了一个由蓝色塑料制成的印第安人。

小猪猪：我没有这样的车。

她把所有玩具都拿了出来，并排摆放着。

小猪猪：我想知道这是什么。你有船吗？这个上面没法坐（一个坐着的塑料玩具）。温尼科特不要再当小宝宝了。温尼克特就是温尼科特。是的,我吓坏了。不再是宝宝了。

她显然是在考虑重复上次的游戏。

  小猪猪:我能把桶里的东西都倒出来吗?
  我:可以。那是温尼科特生病时的小宝宝。

然后,她谈到了装东西的货车,谈到了火车。她拿了两辆一模一样的车,对比了一下,放在了一起。

  我:不像小猪猪和宝宝,因为小猪猪比宝宝大。

她把许多玩具并排放在一起。

  小猪猪:这是什么?火车头。我坐出租车来的。你也是坐的出租车吗?两辆出租车。去看温尼科特。去和温尼科特一起工作。

> 主张我们一起工作;在此阶段,游戏的主题是沟通,不是娱乐

接着,她让我把气球吹爆(那个气球是她第一次来会诊时留给我的)。我试了试,没有成功。于是,她双手搓着手中的气球,拿出拉链,说:"上下拉,反复拉。"她再次催促我把气球吹爆。她说她有一支钢笔,可能指的是我做笔记时用的铅笔(这是唯一一次联想)。此时,她发现了盒子里的小动物。她想要只狗,便伸手去够。可是,她的视线之内并没有狗。这时,她又想起了上次玩的那两个又大又软的毛绒动物。她把它们并排放在一起,然后,把它们推到地板上(她把它们都叫作狗,尽管其中一只是小羊羔)。

小猪猪:一只狗生气了。

> 对冷酷无情
> 或强迫行为
> 的焦虑

两只狗都要去接火车,她无情地把它们压扁在地板上。

小猪猪:你还有狗吗?
我:没有了。

她走到爸爸身旁,让他看三节火车车厢。他

们交谈着。之后,她放下玩具,说:"火车掉下去了。"然后,她来到我的身边,试图把小男人和小女人玩偶塞进车厢里。

小猪猪:太大了,进不去。总有一天,要找到一个小男人。

我:一个男婴?不是爸爸?

她朝爸爸走去,想把他派上用场。我拉开挡着他的窗帘,让他也参与到游戏中来。她来到爸爸面前,爸爸(知道接下来又要紧张起来了)脱下了外套。他把她举起来,举过头顶(上次的游戏又回来了)。

小猪猪:我还要当宝宝。我要当"布布布"。

加布里埃尔爸爸说过,他和苏珊玩过这个游戏,他把苏珊举过头顶。小猪猪对这个游戏很感兴趣,经常喜欢模仿婴儿。她似乎是在否认一个事实:自己真的太重了,不适合玩这个游戏。

小猪猪：我是小猪猪。

小猪猪（对着我）：你不能当宝宝，我害怕。

她设法控制住了局面。所以，她只是在"玩"这个游戏，而不是"置身其中"。上一次，她完全置身其中。最后，我说："我要当生气的小猪猪吗？"她说："现在就生气！"于是，我生气了，并且，打翻了玩具。她走了过来，把它们全都捡了起来。

接着，她谈到了小猪猪宝宝：我管我的宝宝叫"加迪——加迪——加迪"。

爸爸说，这可能和她的名字"加布里埃尔"有关。她说的宝宝是候诊室里的洋娃娃。

我：这些事让你觉得害怕，因为我是个生气的宝宝。

小猪猪：使劲生气！（我使劲生气。我谈到了"布布布"小宝宝。）

小猪猪：不是"布布布"，而是"苏斯

宝宝"。

我：我（我＝小猪猪＝宝宝）想让爸爸给我生个宝宝。

小猪猪（对爸爸）：你会给温尼科特生个宝宝吗？

我谈到了小猪猪生气，闭上眼睛，不看变黑的妈妈，因为小猪猪生妈妈的气，因为爸爸给了妈妈一个小宝宝。

小猪猪：夜里，在床上，我很害怕。
我：做梦了吗？
小猪猪：做了。梦里，黑妈妈和爸爸轿车在追我。

这时，她拿起一个带尖轴的轮子（那是从火车上掉下来的），把尖轴放进嘴里。

小猪猪：这是什么？（可以说，她拿的是最危险的一样玩具，与她的嘴巴有关系）
我：如果黑妈妈和爸爸轿车抓住你，他们

会吃了你吗?

她一直在收拾玩具,显得很苦恼,因为她无法把盒盖盖上。盒子里的玩具太多了。

  我:你做梦时,爸爸妈妈在做什么?
  小猪猪:他们在楼下和蕾娜塔一起吃花椰菜。(蕾娜塔是新来的"互裨姑娘"或"换工女孩")她喜欢西蓝花,喜欢晚餐。

在此期间,小猪猪一直在收拾,把玩具归拢得整整齐齐。

  我:我们发现了黑妈妈和爸爸轿车的秘密了吗?
  小猪猪:没有。我想去找我的宝贝(洋娃娃)。请等我一会儿。

她在那里玩着门。

  小猪猪:当个温尼科特小宝宝。爸爸会照

顾你的。对吧，爸爸？要是我关上门，温尼科特会害怕的。

我：我会害怕黑妈妈和爸爸轿车的。

然后，她尽量把门关好，去找她的宝宝。等她回来后，我说我很害怕黑妈妈和爸爸轿车，但是，爸爸一直在照顾我。自打回来以后，她就一直在玩这个宝宝（洋娃娃）。现在，"打开"和"关上"这两个词指的是洋娃娃的尿布和巨大的安全别针。爸爸在一旁伸出援手。她花了很长时间才给宝宝裹上尿布。

小猪猪：温尼科特，你想要个宝宝吗？回头，把我的给你。

爸爸继续指导小猪猪如何换尿布，并时不时地搭把手。

小猪猪：不要把它（安全别针）关上。

接着，她和爸爸进行了一次秘密谈话，讨论

的是给婴儿吃蛋糕和馅饼的事。她说:"她是一个非常'布布布'的宝宝。"(这意味着她拉了大便,并换洗好了。)说着,她走过来,给我看她明显被什么东西夹过的黑色拇指。然后,她从口袋里拿出两把玩具伞,把其中一把放在我的头发里。她又抱起自己的宝宝,把另一把雨伞放在它的头发上。她试图让婴儿坐在小椅子上,可是,又有点嫉妒,索性自己坐了上去。紧接着,她想让宝宝看看自己在镜子里显得多么滑稽。

　　我:宝宝是温尼科特。
　　小猪猪:不,是加迪——加迪——加迪。

　　一切都归置好了,她现在打算离开了。她把爸爸的外套拿来给他穿上,然后,把袋子里的沙子和石头也收拾好了。

　　我:好吧。但是,我们弄清楚了黑妈妈和爸爸轿车的事了吗?

　　她看了看小心放好的玩具,说:"爸爸轿车

都收拾好了。"在我看来,她似乎是在说,爸爸轿车与"布布布""嘘嘘嘘"有关。"布布布"和"嘘嘘嘘"又都属于黑妈妈。黑妈妈之所以变黑,是因为她从爸爸那里得到了一个宝宝而遭人嫉恨。

我坐在地板上,目送着她和她爸爸高高兴兴地走出前门。

评论

以下主题是本次会诊的重点:

1. 延续上一次的游戏,但延迟与焦虑有关。

2. 获得了一种新的能力,即去"玩"(应付)游戏,而不是置身恐惧幻想之中。(a)焦虑缓释,范围增加;(b)直接经验丧失。

3. 把危险的尖轴放入口中,应对焦虑。

4. 现在,她的宝宝(洋娃娃)使她成为一个拥有妈妈身份的女孩("自我")。

5. 黑色与(爸爸给妈妈一个宝宝引来的)仇恨有关,在此基础上,问题得到了部分解决,但在一定程度上理性化了。

6. 黑暗给收藏起来了,即"被遗忘了"。

7. 重要的是,我还无法理解她不能给我提供线索的原因。只有当她知道答案,并能理解恐惧的含义时,才会让我理解。

母亲来信

我想跟您说一下小猪猪的近况,虽然我知道我丈夫在电话里跟您说了不少。

上一次诊疗回来之后,她的心情就不是很好。在随后的几天里,又吵又闹。睡觉之前,尤其如此。现在,她的情绪似乎又稳定下来了。

几天来,她一直想成为苏珊的宝宝。这种情况十分令人懊丧,因为苏珊根本没法回应。当问她原因时,她说:"我想好好喜欢苏斯宝宝。"

在结束治疗后的一两天里,她对其他孩子咄咄逼人。她有一个手套木偶。她对我说:"让他害羞。然后,我就可以揍他了。"

在结束治疗后的当天晚上,她跟我说:"我害怕黑妈妈。我必须再去找温尼科特医生,新的温尼科特医生。"每当谈起诊疗时,她的语气就是这么严肃。不过,上次去看您之前,她却用相当深情的方式反复说着"温尼科特,温尼科特"。

她说过好几次了,要去找温尼科特医生,去解决黑妈妈的问题。我问她:"什么?你没有告诉温尼科特医生吗?"她说:"没有。我只跟他说了爸爸轿车的事。"

我们看着黑暗笼罩着群山。她说:"天黑时,我会害怕。温尼科特医生不知道我怕黑。"我说:"什么,你没告诉他吗?"她说:"我把所有的黑暗都收藏起来了。"

在诊疗后的几天里,我成了地地道道的黑妈妈。她不相信我说的任何话。她打碎了几样东西,尤其是那个用来盛"大糖宝宝"的糖罐(我们平时是不让她自己拿里面的糖吃的)。不管打破了什么,哪怕是最微不足道的东西,如果不能立刻修复,她似乎都对自己带来的破坏感到难过。自从我妈妈和我们住在一起,我妈妈更像是那个黑妈妈。因此,我和小猪猪相处得很好。这时,我变成了小猪猪,她变成了妈妈。她现在不再那么烦躁焦虑,不再那么小心翼翼了。下面是昨天两次交流的内容。

她:"小猪猪,你喜欢我吗?"

我:"喜欢。"

她:"你还记得我打碎盘子的事儿吗?"

她:"你喜欢我吗?"

我:"喜欢。你喜欢我吗?"

她:"不喜欢。你是黑的,你会把我变黑。"

母亲来信(写于国外度假期间)

我们想再次给您写信,因为我们非常担心小猪猪。我们希望您考虑一下她是否需要进行完整的分析治疗。不过,如果真的需要,我们也不知道如何安排。

最让我们担心的是,她的世界越来越小。她似乎完全沉浸在自己的世界里,将外部世界彻底拒之门外。除了不断索要东西之外,她唯一关心的就是当她还是个不会说话的婴儿时的那些记忆片段。那些记忆片段要么是道听途说,要么是家庭故事。

她说话时,越来越虚假,越来越做作,声音

恶化;组织防御僵化

疾病现在开始发作,真实自我被隐藏起来了

越来越小，越来越不真诚。她现在千方百计去吸引别人的注意力，为此，还经常搞出一些噱头来。

晚上，她仍然会感到害怕。现在，她睡觉前话少了，但是，夜里会醒来几次。有时，是哭醒的。

她哭了，她说，因为黑暗会使她变黑。（有一次，她走进我的房间，看我是不是变黑了。）到了晚上，她会想起自己白天造成的伤害行为。（她现在动不动就会发起突然袭击，比如，朝我头上扔石头，或者，用托盘砸苏珊的手。）然后，她会自言自语："苏斯的手疼吗？""你的头破了吗？""给我一根针，我要缝毯子。""你想缝我的头吗？""缝不了，你的头太硬了。"

还有一次晚上，她说："还记得医生扎我的事吗？（注射）我必须去看医生，我病了。"然后，她指着自己"嘘嘘的地方"说："这儿病了。"

母亲来信（写于度假结束归国之后）

我想再跟您说说小猪猪的近况。

驱逐自己的邪恶

抑郁性焦虑

自慰幻想

> 家庭环境为她提供了精神病院的住院情境，在那里，她可以正视自己的疾病

不知道为什么，我觉得她现在好点了。她经历了一段难熬的日子：无聊，不满，整个人都是无精打采的。有时，还会肆意破坏，把东西撕毁、打碎或者弄脏。她现在给人的感觉是，多了一些"好好活着"的念头，少了一些虚假做作。

我以前没有意识到破坏行为给她带来的内疚感和责任感如何严重地折磨着她。她非常痛苦地提到几周前的一些破坏行为，可我当时根本没有注意到她内心的感受。当时在商店里，她非要撩我的裙子不可。我打了她一巴掌，然后，就把这件事忘得一干二净。两周后，她说："妈妈，我不会再撩你的裙子了。"

还有一件事。有一次，我抱着她的小妹妹苏珊，不小心把她撞到门上了，她哭了。小猪猪："都怪你！"我："是的，都怪我！"小猪猪（一脸迷惑）："你现在会梦到这件事吗？"和往常一样，一到晚上，她就担心黑妈妈和爸爸轿车会把她给弄黑了。

近来，谈论死亡的事情变得越来越频繁了。昨晚，她非常急切地想告诉我黑妈妈的事情。一开始，她用呆板的声调说着："黑妈妈有一个海滩，

还有一个秋千。"（我第一次带她去海边，她很喜欢荡秋千。）我说："你似乎并不希望黑妈妈拥有这么好的东西。"她说："是的，我想把它们弄坏，我想把你们的东西全都弄坏！"

有时，她提起您的时候会相当随意。例如，她突然说起她想到温尼科特医生那里去玩玩具，告诉他黑妈妈的事情；或者要造一个村子，其中，有一栋房子是温尼科特医生的家。

母亲来信

这封信是为了证实小猪猪将和爸爸一起去看您。

后来，她向我要了一些可以吮吸和咀嚼的东西。很快，这些东西就会进了她的肚子。随后，她又开始害怕黑妈妈，想去找温尼科特医生。临行那天，当我告诉她计划去看您的时候，她说："还有明天，还有后天。"当我走出房间的时候，我听到她心碎的声音："我要我的宝宝，我的宝宝，我的加里——加里宝宝。"（"加里——加里宝宝"是她洋娃娃的名字，她以往的许多活动都是围绕着它展开的。不过,现在玩得少了。同时,这也是她说出自己名字加布里埃尔的方式。目前,她还无法准确念出自己的名字。)

第4次会诊

（1964年5月26日）

后来，我通过电话得知，加布里埃尔（2岁零8个月）在来就诊的火车上一直蜷缩在爸爸的双膝上，吮吸着他的拇指。

她径直向玩具堆走去，且边走边说："这里很暖和。我们是坐火车来的。你看没看到……？"

她拿起小船，把它们放在地毯上。她伸手去够一只又大又软的狗。她正在把火车头和车厢接合起来，然后，突然说道："我是为爸爸轿车来的。"

我帮她把一些火车部件连接起来。我不是很理解她对玩具摆放的方式。她说："（房间的）窗户没开。"我把它打开了。她又说："我们把这里的窗户打开了。"

游戏继续进行。

小猪猪：这辆车太棒了！我非常喜欢来这

意识到特定
问题需要
帮助

里。我是坐火车来的。爸爸在等我吗？两个房间，一个给爸爸住，一个给我住。火车晃啊，晃啊，晃啊。

她拿起一段小木篱笆，把它拆了，将其中一根棍子从窗口塞进轿车。这是一个有意的行为。

> 小猪猪：房间太暖和了！假日里房间很温暖。我们变成棕色的了。宝宝是棕色的，我妹妹苏斯宝宝是棕色的。她在爬楼梯。
>
> 我：她正在长大，对吧？

采取客观态度

她一边说些有关"长大"的事情，一边摆弄着玩具车。她说："当个宝宝，把车都开走。"她在和汽车做游戏，并给颜色一一命名。

> 小猪猪：两辆车，温尼科特先生。你是温尼科特先生。

这里有些东西她想扔掉。

小猪猪：你听到夜莺在叫了吗？很遗憾，你住得太远了。（这说明，她刚刚意识到，我不是她的近邻。）你还记得……吗？

我：你好长时间都不需要我了。

小猪猪：我喜欢你把气球吹爆。（这里有一个老化了的旧气球，她有心无心地玩了很久。偶尔，我会帮她一把。）这是一座教堂，上面有一个尖塔。

她在教堂的两头各摆放了一辆汽车。然后，她的兴趣转移到一个她根本不认识的东西上面。那是一个破碎的、扁扁的、圆圆的物体。它原本是一个能发出响声的陀螺。

小猪猪：这个东西是从哪里来的？（这个在第一次会诊时就有了。）

我：不知道。

她笑了，这和一个上面摆着益智玩具的摇摇车有关。

小猪猪：房间太暖和了！小猪猪穿着一件带有拉链的棉毛衫。（为了说明这一点，她拉了一下拉链，用胳膊肘撞了一下门板。由于撞得不重，所以，即便稍微有点疼痛，她也觉得很有意思。）

小猪猪拿出各种颜色的小船，她把那只白色的说成是粉色的。她想把船上下颠倒立起来，那怎么可能？（说不清是什么游戏。）其间，我说："你为什么喜欢我？"她说："因为你给我讲爸爸轿车的事。"我和她谈过这件事，因为我说过她把那个词说错了。很明显，我当初并没有完全理解她的意思，我需要她帮我厘清自己的思绪。

小猪猪：黑色妈妈来了。

我们试图弄清楚：黑妈妈到底是生气了还是没有生气？她手里的车来回滚动着。这里，有一件事情我不得不重提一下。那就是，妈妈生加布里埃尔的气。加布里埃尔之所以生妈妈的气，是因为妈妈给她生了个妹妹。此后，妈妈似乎就变黑了。所

"我"与"非我"主题的第一个信号

有这些都相当模糊。她独自玩着玩具，一会儿给我一辆车，一会儿给自己一辆车。

> 小猪猪：我鞋子太小了，我要脱下来。

我帮了帮她。我们说了一些"脚长长了"之类的话。

> 小猪猪：我正在长成一个大大的女孩了（她继续说道）；大……大……大（自言自语）。有一位漂亮的女士在等车，一位好心的女士来接孩子，黑妈妈很淘气。

可能是俄狄浦斯恐惧导致的焦虑的体现

她找来一个火车头，把它放进了什么东西里。于是，便出现了"大大"和"小小"的概念。

> 小猪猪：我们要不要收拾一下，把东西都放好（焦虑）？就放那里吧。

她把一朵睡莲扔进废纸篓里。（这朵睡莲是别人用纸做的，是上一次会诊时留下来的。）她把所有玩具都归置好，没有表现出明显的焦虑。她穿上鞋子，沿着走廊去候诊室找她爸爸。有那么几分钟，我还能听见他们两个在候诊室里的谈话。

> 小猪猪：我想走了，请让我走吧。

诸如此类的话。她在人格方面成长很快，而且，具有连贯性。此外，在她身上第一次出现了一种可以称为"镇静"的东西。我把这个都记下来了。应该说，她很高兴。她进来跟我说再见。爸爸试图说服她留下来。他说："不行，你还不能走。"

> 小猪猪：我想走。

我让小猪猪爸爸坐在房间另一端的椅子上，小猪猪则坐到了爸爸的腿上。现在，游戏又开始进行了。在游戏中，她是从爸爸两腿之间生出来的婴儿。游戏一遍又一遍地重复着，这对爸爸的体力来说是一个巨大的考验。但是，他却不知不觉地做着他该做的事情。我对小猪猪说，当她害怕和温尼科

对我看其他孩子的延迟拒绝

这里的"镇静"指的是"婴儿的镇静"（父母来信，1964年1月4日）

从对打击（自我勇气失败）的反应中恢复过来

特单独在一起，但又想和温尼科特玩这样的出生游戏（让男人充当即将临产的妈妈）时，有一个爸爸是非常重要的。爸爸的鞋子在这里起了很大的作用，因为穿上或脱下意味着矛盾。很快，他们就在地板上了。小猪猪抱住爸爸说："我在说：我不知道爸爸轿车的事。"

小猪猪对爸爸的态度变得主动起来。她跪在地板上，吮吸着爸爸的拇指（我不知道，她在来见我的火车上一直蜷缩在爸爸的膝上，吮吸着他的拇指）。我说，她害怕，是因为我在游戏中变成了愤怒的小猪猪。此时，爸爸已经脱下外套，正穿着衬衫和小猪猪玩游戏。

> 我：温尼科特是愤怒的小猪猪，小猪猪是爸爸生的，不是妈妈生的。她怕我，是因为她知道我一定会很生气的。新来的宝宝正在吮吸爸爸的拇指。

（她用一种特殊的眼神看着我。）我问："我变黑了吗？"她想了很久，说："没有。"然后，她摇了摇头。

移情中，爸爸扮演了妈妈的角色，把我安排成其他的角色（功用）

我：我是黑妈妈。

小猪猪：你不是（玩爸爸的领带）。

> 提醒她自己这位妈妈实际上是个男人，以此来安慰自己

小猪猪不停地拉动和吸吮爸爸的拇指。我对她想"独占爸爸、把妈妈变黑"这一点早已做出了相当明确的解释：那代表着"生气"。我好像说过："她想把加布里埃尔扔进垃圾箱。"（这种说法有几分冒险的成分）对此，她似乎很开心。她继续玩着爸爸的领带，试图把它系紧。她说了一些"假装黑妈妈不在那里"的话，这和黑夜有关。她脱掉爸爸的另一只鞋。如果允许的话，她会把他的衣服全部脱光。与此同时，在她的脑海里，还有另外一种想法，就是"把妈妈变黑"。我说了一些有关"重生"的事。这一次，说的是爸爸生孩子的事。就在这个时候，爸爸在整理他的鞋子，加布里埃尔站起来，往他的背上爬。

> 此时，爸爸成了现实中的爸爸

> 出现了一个新的主题：爸爸是爸爸，分析师是嫉妒的妈妈

小猪猪：我能再爬上你的后背吗？

我一直重复着"把妈妈变黑"这句话。然

<small>第二个主题确立；新的会诊线索</small>

后，加布里埃尔非常肯定地说："妈妈想成为爸爸的小女孩。"

小猪猪精力充沛，本想继续玩下去。但是，爸爸已经受不了，开始拒绝了。天气很热，我给他们安排的时间也快到了。

<small>由于引入了"我非我"的主题，此时，我拿不定主意，应该叫她"小猪猪"，还是叫她"加布里埃尔"</small>

> 我：黑妈妈现在是温尼科特，他要把小猪猪送走。他要把小猪猪像睡莲一样扔到废纸篓里。

本次会诊结束了，她表现得非常友好。我待在原地，扮演愤怒的黑妈妈，想成为爸爸的小女孩，嫉妒加布里埃尔。与此同时，我又是加布里埃尔，嫉妒与妈妈待在一起的新生的婴儿。她跑到门口，他们要走了，她挥了挥手。她最后的那句话——妈妈想成为爸爸的小女孩——成为本次会诊最好的说明。

那天晚上，我通过电话得知，她在来见我的途中，一直蜷缩在爸爸腿上，吮吸爸爸的拇指。会诊结束后，她变成了一个大女孩，自在，开心。此外，她在回去的途中，观察着窗外的一切，看着猫和其他动物,吃点东西,没找任何麻烦。她开始主动接近爸爸,不再退缩了。晚上,她玩得很开心,也不乱发脾气,这在近一段时间里是难得一见的现象。她的叔叔来了。起初,她很害羞。但是,后来,她表现得非常亲切友好。最后,也就是上床前,她突然来了一句:"我不知道谁是汤姆叔叔,谁是爸爸。"

我想,从中不难看出,她越来越有能力让人代表基本的爸爸妈妈形象,而这指的是她根据自己的愿望利用我和她爸爸的方式。这样,我们就可以随着游戏的改变而改变自己的角色。换句话说,重要的是沟通,也就是"得到理解的体验"。而在这一切的背后隐藏的是她对亲生父母的那种安全感。

可以说,现在,游戏体验的领域更广了,包括交叉身份认同等。现在,游戏的乐趣来了。幻想的释放使得交流以及对坏的、黑的、破坏性想法的探索更加自由了。

评论

以下是本次会诊所呈现出的一些主要主题：

1. 在来的火车上，蜷缩在爸爸的腿上，吸吮他的拇指（我刚开始咨询时不知道这一点）。

2. 自然成长、成熟的理念。

3. 两次会诊的间期（否认的结束），意识到我们之间的距离。

4. 妈妈生加布里埃尔的气，是因为加布里埃尔是爸爸的小女儿。这种想法演变的结果是，加布里埃尔生爸爸生的宝宝的气。

母亲来信

小猪猪多次要求见您。昨天，她带着一车玩具去了伦敦。她提议，要和住在伦敦附近的祖母（称作"La—La—La"）住在一起。她折腾了约三小时才睡着。前几天，她不让我吻她，以免我把她弄黑。不过，这一阵子，她对我一直很热情，还主动吻了我，这种情况以前从未发生过。前天晚上，她跟我说，我是一个好妈妈。

每天晚上，她都有一个相同的仪式，说："我给你讲讲爸爸轿车的事吧。"

上次见您之后，她非常坚决地说，再也不去伦敦了。当问她原因时，她说，温尼科特医生不让她爬到爸爸身上。对了，小时候，在家里，她从没玩过这种游戏。这是她妹妹"苏斯宝宝"的专利，她看了之后似乎很开心。

有一次，她对我说："我几次想爬到爸爸背上，温尼科特医生就是不让。"她说，温尼科特医生知道爸爸轿车的事。

在见您的那天晚上，她说，她分不清汤姆（她只见过三面、非常喜爱的叔叔）和爸爸之间的区别。后来，她说："爸爸、汤姆和温尼科特医生都是'爸爸般的男人'。真有意思！"突然，她对爸爸说："温尼科特医生有很多有趣的玩具。"接着又说，"我不知道我的玩具和苏斯宝宝的玩具有什么不同。玩具真好玩。"

她最近有一个幻想，闹腾了两个晚上。那就是，如果爸爸在厨房，瓶子就会碎。无论是广受欢迎的玫瑰香蜜瓶子，还是"苏斯宝宝"的瓶子，都

> 男性功能等同于攻击，女性认同的恐惧，这些都意味着内心的破碎

> 抑郁症幻想中隐藏着混乱，在阶段行为中可表现为整洁

会碎。遍地都是玻璃，小猪猪会踩在上面。

总的来说，她偶尔会感到非常抑郁，会肆意破坏东西，会变得邋里邋遢。不过，在此期间，也会表现出超越她年龄地位的理性。她会经常洗刷和整理东西，这在我们这个非常随意的家庭中显得格外抢眼。

第5次会诊

(1964年6月9日)

加布里埃尔现在已经2岁零9个月了，苏珊也1岁了。

天气炎热，我们开着窗户，时时刻刻感受着外面的世界。由于天气太热，我有些倦意，记录有点模糊不清。

她正忙着摆弄玩具。爸爸在候诊室里。她把所有玩具都拿了出来。

小猪猪：都出来了，我有这个，我有很多好玩具（手里摆弄着一个篱笆）。你没去度假。

我：我去了。

小猪猪：我有一个好妹妹，她在睡袋里睡觉。这么多火车！为什么？（她正在修理一辆玩具火车，需要帮忙。这确实很困难。）我越来越大了。我快要3岁了。你几岁了？

我：我68岁。

她重复了5遍68岁。

    小猪猪：我喜欢你靠我们近点（暗示我家离她家太远）。我会不会成为一个喜欢玩的3岁的宝宝，一个不生病的好宝宝？（这使人想起了象征疾病的小桶，一个玩具满得直往外掉的小桶。她正在给一个小人玩偶做检查。）是的，我喜欢玩玩具。宝宝把我的玩具扔掉了。

> 这里也可能指年龄差距太大

她尝试用各种方式摆放玩具（中途停下来，听路上的马车声）。她把教堂排成一排（中途停下来，听鸽子"咕咕"的叫声）。

> 因为开着窗户，受到干扰（自身的稳定性不足）

    小猪猪：噪声太讨厌了。

说着，她陷入沉思。

    我：你做事的时候，这些东西会打扰你。
    小猪猪：我的鞋子太热了。

她把鞋子的双环扣解开,她自己解的。这的确了不起。

> 小猪猪:我的脚趾,十个脚趾。全是沙子。
> 我:是在法国吗?
> 小猪猪:不是。

一架飞机飞过,噪声再次打断了她的游戏。她说:"我坐过飞机。"

她一开始摆了四栋房子,后来又摆了两栋房子,最后又把两座教堂移走了,诸如此类。焦虑开始以"爸爸准备走了吗?爸爸累了。"的形式出现(这里指的是上次会诊的情况)。我说:"他在候诊室休息呢。"

突然,出现了咬牙的声音。我问她:"咬什么呢?"

> 小猪猪:你喜欢黄油面包吗?

我：这儿好像是在吃饭似的。

小猪猪：鹅，鹅，呆头鹅（她一遍一遍地背诵着）。这儿有个好玩的玩具（又是一个破旧的能发出声响的陀螺）。我可以用它来敲地板吗？

她用陀螺敲打自己的扣子："我能听到水跌下来的声音。"（意思是"滴下来"，即水从楼上或管道里落下来的声音）她拿起小桶："这里的玩具不多。要不，我把它装满？"

对此，我的解读是，她感觉饿了。吃饱了，就不会饿。可是，她并不想吃东西，只是为了消除饥饿而把肚子填饱。她把房子摆成一排，说："谁住在这里？一个小个子男的，还有一个女的，就是温尼科特太太。"

这时，她穿上了一只鞋，把鞋带系好。"我要回家找妈妈。"接着，她又说出了具体地址。我说："那样，你就可以和爸爸妈妈在一起了。"她继续玩着，仿佛焦虑情绪悄悄溜走了。这一点与温尼科特夫人有关（温尼科特夫人首次出现在她的叙述中）。她把桶倒空了，把里边的一些零碎物品倒

疾病——强迫性贪吃的结果

进了废纸篓。然后,她使劲咬了咬汽车轮胎。她想给汽车装上轮子:"温尼科特医生,帮个忙。"我们把两个轮子都给装上了。她现在想知道如何才能把几只小船装到汽车上去。

> 我:当爸爸妈妈在一起的时候才能装上去?
> 小猪猪:太大了。宝宝现在长大了。

窗外路人和飞机的噪声打断了我们的游戏。噪声分散了注意力,小猪猪感到很焦虑。但是,开着的窗户是一个客观因素,非同寻常,窗里窗外很难隔绝。天气非常炎热。

所有这些都是模模糊糊的,没有清晰地表达出来。那就这样吧。现在,小猪猪似乎进入了正题。她抚弄着自己完美的直发,说道:"我的头发有点卷。"[1]对此,我进行了解读。

> 我:你想有一个自己的孩子。

卷曲的头发,象征着婴儿

---

[1] 苏珊的头发是卷曲的,见到她的人都"小题大做"。

小猪猪：可我已经有了一个很有女孩样的小宝宝。

我：不是，我说的不是"苏斯宝宝"。

小猪猪：一个待在我床上的宝宝。

我：待在你的卷发里？

小猪猪：是的。

游戏重新开始。她拿起两只小船，把其中一只放在了鞋子上。她想去找爸爸，把两只小船拿给他看看。

小猪猪：谁爱爸爸？爸爸轿车和妈妈。

小猪猪：我应该跟爸爸打招呼吗？（她出去了，又回来了。）我再也不会回来了。

我能听到她爸爸哄她回来的声音，而她则在满地跑着。爸爸进来，坐在椅子上，和我聊了一会儿（他的确需要和我交流一下）。然后，他们一起回家了。

在本次会诊即将结束时，我做了记录。由于天气炎热，加上自己犯困，记录很粗糙，也不完整。

评论

1. 炎热天气及其带来的后果。
2. 对卷发的评论和我的解读。这似乎是今天咨询工作的重点。
3. 在这个过程中,温尼科特太太登场了。

母亲来信

自打上次会诊以来,小猪猪已不再像从前那样每天晚上黑妈妈长、黑妈妈短地唠叨个没完。现在,她似乎也不再害怕上床睡觉了。

有一次,她又谈到了黑妈妈。她说:"带我去看温尼科特医生吧。他会帮我的。"当时,为了打消她的念头,我说:"可是,他已经帮过你了。"她说:"是的。但是,我把黑妈妈收拾好了。"我只好"嗯"了一声。接着,她又讲了废纸篓的事以及梦里的感受。您可能知道这是怎么回事。

有一次,因为她虐待妹妹,家人和她起了争

执。之后,她亲吻了她的爸爸和妹妹,并对爸爸说:"不要亲我,你会把我变黑的。爸爸,黑是什么?"

我丈夫无法确知您对小猪猪的真实看法。当时,在会诊结束前,在他和您交流的时候,由于小猪猪在场,有些话没法说透。

当时,您告诉他,您发现小猪猪和您在一起时"很正常"。同时,您又提到了找分析师分析的问题。我不清楚,她到底需不需要找专家做一个分析?我也不知道,您是不是因为和她接触不多,无法对她进行深层次诊疗,才给我们推荐了这位医生?或者说,您是不是觉得,如果我们做父母的不是非常焦虑,小猪猪的事情就可以到此为止了?[1]

我的处理方法是顺其自然。除非万不得已,不要横加干涉。

她仍然会突然抑郁起来。那时,她会蜷起身子,吮吸自己的拇指,或者坐在那里,胡言乱语,

---

[1] 就在我为加布里埃尔诊疗期间,一名和我一起督导的分析师想找一个3岁孩子的案例。我想把加布里埃尔介绍给他。这不符合我的一贯作风,让我感到内疚。所以,当我向她爸爸提出这个问题时,脑子里有些混乱。然而,仔细考虑后,我认为,"按需治疗"并没有改变孩子正在接受诊疗分析的事实。

拿自己一点办法都没有。在其他方面，她似乎表现得不错，也很有活力。不过，我无法确定她是否能恢复到妹妹出生前的那种健康状态。有时，她似乎会突然陷入痛苦之中。她似乎长得也很快，快得让人摸不着头脑。我不知道，她在无人帮助的情况下能否找回自己失去的东西。也许，她正在设法寻找，但我无法判断。也许，永远也找不回来。

写给妈妈的信

谢谢您的来信。此次回复，是因为我知道那天我对您丈夫所说的话有些模糊不清。事实上，我感到良心不安。必须说明的是，我无意阻止你们对小猪猪进行全面分析。如果你们住的地方和伦敦一样方便，我想，倘若有好医生的话，你们一定会去做的。但是，我知道，你们来伦敦生活并不容易，而且，频繁往返会带来许多麻烦。所以，最好的办法是"自然恢复"。其间，你们可以偶尔到我这里来一趟，看看我能提供什么样的帮助。

您知道，小猪猪是个非常有趣的孩子。您可能不希望她这样，但事实的确如此。我希望她能很快安静下来，像别的孩子一样。我认为，很多孩子都有这样的想法和担心，但通常都没能很好地表达出来。就小猪猪而言，这既与你们对童年问题的特别意识有关，又与你们对童年问题的宽容态度有关。

我很钦佩小猪猪的爸爸。他坐在那里，容忍小猪猪对他做这做那，而与此同时，正在发生的许多事情对他来说无疑是个谜。

妈妈来电

小猪猪好了一阵子，后来，又变得沮丧，无精打采，晚上也不睡觉，满脑子都是"死亡"这个概念。她做了一个梦："所有种子都没有发芽，或者只有几粒种子发了芽，因为种子内部出了问题。"

妈妈后来的评论

这个死亡主题是否也与她自身需要"归置"或"弄死"的东西（如贪婪、嫉妒）有关呢？

我感兴趣的是，她有几次把温尼科特医生关在一个房间里，自己走到另一个房间（候诊室）里，把门关上，从而把温尼科特医生给"归置"了？[1]

---

[1] 为了能够忘记，这样做有它的作用。

第6次会诊

(1964年7月7日)

患者现在已经2岁零10个月了。我在门口迎接她:"加布里埃尔,你好!"我知道,这次我必须叫她加布里埃尔,不能再叫小猪猪了。她径直朝玩具走去。

我:加布里埃尔又来看我了。

加布里埃尔:是的。

她把两只又大又软的动物放在了一起,说:"它们在一起了,它们喜欢对方。"她又把两节火车车厢连接起来了。

她仍然忙着把一些车厢连接起来。我说:"你可以把来见我的不同时间连接起来。"她说:"可以。"

显然,连接火车车厢这个游戏可以有多种解

释。你可以用你认为最合适的方式来玩，也可以借此来表达自己的感受。我提醒加布里埃尔，我上次对卷发的解释与小猪猪有了自己的孩子有关。

加布里埃尔：我想过这些事。

然后，她把"讲述"和"展示"的区别清清楚楚地说出来了（这让我想起了电影《窈窕淑女》中的那首歌——《秀给我看》）。

我：你的意思是说，秀给我看比说给我听要好？

加布里埃尔拿起一个小瓶子，发出了水一般的声音："当溅起一大片水花时，就会形成一个大圆圈。"她口齿不清，有时很难听懂。"我有一个小池塘，就在外面（意思是'在花园里'），还有两个花房。一个是我们的大房子；另一个是我的小房子。"

我：那个小房子就是你自己。

加布里埃尔：就是你。（她说了三遍，然后，补充道：）就是加布里埃尔。就是温尼科特。

她把两节车厢连接在一起。

我：加布里埃尔和温尼科特成了好朋友。但是，加布里埃尔还是加布里埃尔，温尼科特还是温尼科特。

加布里埃尔：我们找不到猫了。不过，我看见一只猫在散步。我看见一只猫围着东西跑来跑去。是什么东西拉着它跑呢？

我帮了她，她说："温尼科特抓住手了。"

这是身份的确立。我说到了加布里埃尔，说到了她与温尼科特、爸爸、妈妈和"苏斯宝宝"之间的关系。加布里埃尔用她特有的声音说："苏斯宝宝发出的是'哇'的声音。"接着，她把手横在嘴巴上，发出了另一种声音。

她对这种杂耍式的游戏很感兴趣，一会儿把手横在嘴上，一会儿移开，玩个没完。她放了一个

> 她正在处理合并和分离之间的界限

屁,我说:"也许,那是加布里埃尔的声音。"于是,她以一种辨识度很高的、特有的声音说:"这和爸爸有关。"还有几次,当她强烈地认同自己的爸爸时,也会以这种特殊的方式说话。

加布里埃尔:别那么说(但我们谈过爸爸的话题)。苏斯宝宝太小,还不会说话。这有什么好笑的?

她举起一个手柄,手柄一端拴着细绳。她想让我把它安装在火车头上,这样,她就可以在房间里拖着玩了。她对这个玩具十分满意。我说这是她记忆中小时候的自己,她说:"不是,那是妹妹。"然后,她突然说道:"看这张可爱的照片。"(那是一个六七岁女孩的肖像,穿戴非常古朴,表情十分严肃,它一直就放在我的诊疗室里。)"她比我大,就像我比苏斯宝宝大一样。她(苏斯)现在不扶东西就可以走了。"(她演示了走路、跑步、走路、摔倒的过程)"而且,还能自己爬起来。"(她演示了爬起来的过程)

> 有意识表现出成熟的一面

我：所以，她现在不是随时随地都需要妈妈了。

加布里埃尔：没错。她很快就会长大的，不再需要爸爸妈妈了。加布里埃尔也不再需要温尼科特了，不再需要任何人了。有人会问："你在干什么？"那是我的地盘儿。我想去你的地盘儿。快点让开。

她正在用《城堡之王》[1]这个游戏来说明加布里埃尔正在确立自己的身份。

加布里埃尔：我有新鞋了。（不是她脚上穿着的那双。）

她脱下一只鞋子，又脱下袜子。她反复做着进进出出的动作。她想让我看着她把自己又大又胖的脚后跟伸进袜子里。

> 认识到自己不成熟和相对独立性

她脱下另一只鞋子，露出另一只脚跟肥肥的肉垫。在她自己设计的游戏中，常拿这个来开玩

---

[1] 出自温尼科特的《精神——躯体疾病的积极和消极方面》（1966）。

笑，仿佛她的一只脚不见了似的。

加布里埃尔：一开始就穿错了。（这是个笑话）

她换了袜子，朝玩具桶走去。我说："加布里埃尔把整个世界都吃进去了。她吃得太多了。"（但是，当时，玩具桶并没有太满）加布里埃尔回答说："她没有生病。"

她脱了一只鞋，开始玩丢袜子的游戏。这里，袜子和鞋子象征着某种程度的复杂性。尽管她玩得挺熟练，但并不成功。

我：很难吧？
加布里埃尔：是的。
我：加布里埃尔离不开妈妈，也不能完全成为一个妈妈。

于是，她来到一辆较大的玩具火车面前，说："我倒是希望我们没有来得太早。"然后，她就讲了她和爸爸早到的原因。他们实际上已经在商店里逗留了一段时间，以免到得太早。

我觉得，此时，我应该出手帮她系好鞋带了。对她来说，挺难的。她没有拒绝。另一只鞋子的鞋带我也帮她系好了。

> 身份感变得清晰了

加布里埃尔：我听到了很大的动静。（真有动静）

我：有人发脾气了吗？

加布里埃尔：没有。是苏斯宝宝弄出的动静。

然后，她小声说她要去见爸爸。她悄悄地把门打开，转身又关上了。很快，她返了回来。她自己回来的，不需要爸爸的陪伴了。接着，她又开始收拾玩具了。

加布里埃尔：玩具都给弄乱了。你想说什么？

我：谁？

加布里埃尔：温尼科特医生。

她把又大又软的毛绒玩具（狗）收了起来。整理过程非常细致，对玩具进行了归类。

加布里埃尔：哎哟，陀螺掉下来了。没关系。妈妈在家。

然后，加布里埃尔把所有东西都收拾整齐。她说："你放玩具的地方不错啊！"（其实，我那些玩具都胡乱地堆在书柜下的地板上）她又找到了两个散落的玩具，把它们放好了，说："我不能把我的玩具放在废纸篓里。"

玩具都摆放好了，她现在要出去了。她和爸爸在候诊室里待了一段时间，告诉他她刚才所做的一切，爸爸就此谈了自己的看法。然后，她让爸爸进来。她对他说："我想让你也进去。"但是，他收住了脚步，说："你自己去找温尼科特医生吧。"

我和加布里埃尔已经谈了45分钟，我打算结束今天的会诊了。我听见她爸爸说："不，不，还是你自己去找温尼科特医生吧。"

加布里埃尔：不嘛，不嘛，不嘛。

　　我：进来吧，该结束了。快进来吧。

她进来了，态度非常友好。

她问我是否要去度假，打算做些什么。我说我要去乡下休整一下。会诊到此结束。离开时，她问道："我什么时候再来？"我答道："10月份。"

这次会诊的一个重要细节，就是通过《城堡之王》这个游戏，以及随后分分合合的实验，确立身份。

评论

　　1. 我知道必须称她为加布里埃尔。
　　2. 身份主题的逐步展开。
　　3. 城堡之王故事的寓意。
　　4. 贪婪变成了食欲。
　　5. 从混乱到整洁，预示着混乱的主题即将到来。

母亲来信

她晚上的睡眠又变好了。对于本次会诊,她只说过一句话:"我本想告诉温尼科特医生我叫加布里埃尔,可他早就知道了。"她说这话时,脸上写满了"满意"二字。[1]

父母来信,由妈妈执笔[2]

不知道为什么,我发现给您写信有点困难。也许,我把自己和加布里埃尔搞混了,没能完全分开。但是,我希望这个问题能自行解决。

加布里埃尔似乎已经好多了。我的意思是说,她能用自己的眼光去理解外部世界的意义了,并能利用和享受她所拥有的任何机会。

她不再那么害羞了,但仍然无法与其他孩子

---

[1] 这个细节表明,我在门口捕捉到的她的第一条信息是多么重要。我知道,我必须称呼她"加布里埃尔",而不是她的昵称"小猪猪",或者是与她游戏中的角色有关的什么名字。
[2] 电话里交谈的内容此处就不转录了。

接触，尽管她非常渴望能这样做。她深受希望破灭之苦，因为她对这种接触寄予了厚望。

她和妹妹相处得很好，只是偶尔还会有一些攻击性行为，比如，在马路中央将其推倒，当众说她不喜欢妹妹等。除此之外，她很尊重妹妹，很理解妹妹，这一点的确令我们感到意外。

在我看来，她大脑里还存在着大量的虚假幻想。我不知道她自己在多大程度上受其蛊惑，也不知道这在多大程度上构成了对有点好奇的父母的合法有效的防御。[1]

最近几天，她又无法入睡了，黑妈妈又出现了，她又开始说着要去见温尼科特医生之类的话了。她很害怕中毒。她一口咬定自己吃了有毒的浆果，并告诉我们她会病到什么程度。她还坚持说她的"什么东西"卡在体内了，尽管她似乎并没有表现出患有生理性便秘的症状。但是，这一切在今年夏天剩余的时间里都没有显现出来。拥有您的电话号码对她来说意义重大。

您给她带来了很大的变化，使她的问题没有

---

[1] 难道这与我对黑色现象的无知有关？

变得日趋严重，没有进入恶性循环，她甚至看起来更像苏珊出生前那个稳健的小女孩。不知何故，健康在一定程度上得到了恢复。

我写给父母的信

我收到了加布里埃尔寄来的明信片。我想，你们希望我能再见见她，我会为她留出时间的。然而，你们可能会觉得，再等几个星期为好。如果是这样的话，我希望你们能告诉我。

根据我对加布里埃尔的观察，根据你们信中所描述的情况，我确实觉得，我们不能仅仅把她当成一个患儿。她在很多方面是健康的。也许，你们能告诉我，你们想让我在哪些方面做些什么。

（这里，我必须说一下，我的情况是，眼下，的确没有时间再接受新的病例了。其实，除了医学治疗以外，孩子的自身发展也能助其渡过难关。只不过，很多父母并不依赖于此，我想其中一定有着什么特殊的原因。）

父母的来信

谢谢您的来信,谢谢您为我们留出时间,我们一定会准时前往。

我们也觉得,不能再把加布里埃尔看成一个患了重病的小女孩了,她身体中的很多机能似乎已经恢复了。然而,有时,她仍然会表现出明显的痛苦和焦虑;有时,这似乎会导致她断绝所有情感,过着与世隔绝的生活。

在我们上次给您写信的时候,她又开始无法入眠了,尽管在夏天的其他时间里都睡得很好。现在,她通常睡三四个小时就起床了。

她现在有了一个"好的黑妈妈",来帮她剪指甲(您可能还记得她以前在晚上难过的时候是怎么抓脸的。最近,也是这样)。

我们带她去了一家托儿所,想让她和小朋友一起玩。可是,正如我们跟您说的那样,她发现自己很难与小朋友沟通,尽管她很想这么做。她说:"妈妈,拿本书来。我很无聊,不知道该做什么。我不认识任何人,也不想让任何人看见我。"

第7次会诊

(1964年10月10日)

加布里埃尔(现在3岁零1个月)是和爸爸一起来的。她径直走向玩具。当时,我坐在地板上,她的头碰到了我的胳膊肘。她拿了一个大毛绒玩具。

加布里埃尔:我可以先摆一排房子吗?你听到铃声了吗?我按了3次铃声。温尼科特先生[1],这是什么?

我:那是一辆货车。

加布里埃尔:哦(她开始把什么东西和货车连接在了一起)。所有的麻烦都过去了,所以,我也没什么可以跟你说的。

我:我看到了一个没有任何麻烦的加布里

---

[1] 从现在开始,一个非治疗师温尼科特会反复出现。

埃尔。真真正正的加布里埃尔,没有别的。

加布里埃尔:那个困扰我的黑妈妈已经走了。我不喜欢黑妈妈,她也不喜欢我。她净跟我说胡话。

她摆了一长排房子,排成一条相当标准的S形曲线,两端各有一座教堂。然后,她拿起一个画着人脸的电灯泡,说:"我都把这个给忘了。"这里有一种对婴儿出生感到愤怒的情绪。她说:"一个小女孩和一个大女孩一起走进教堂。"这时,部分游戏没能准确记录下来。这些游戏似乎是放进去一些东西去喂给狗和牛。在S形弯道的两端,有什么东西把房屋弄乱了。

加布里埃尔:现在我们要修一条铁路。

她拿出两块石头(这是她之前用纸袋装来的),袋子里还有一块更大的石头。这块大石头与黑妈妈有关。然后,她把大石头和两个小石头联系在一起。

加布里埃尔：温尼科特先生，再没有火车了吗？

　　她又找到一些火车。尽管她知道它们的来历，她还是问道："温尼科特先生，你是从哪儿弄来的？"

　　现在，有了几节车厢、一条路和另一块石头。她把它们拨拉到一旁，说："这个火车拉着两个车厢。嗯……要有更多的船，更多的火车。"（噪声很大。她自言自语，听不真切。）

　　过了一会儿，她冲我笑了笑，希望得到回应。大概这与正在发生的事情的模糊性有关，而这种模糊性是她的孤僻状态和无人理解的游戏方式所致。接着，她把一个玩具火车放在一只船上。从某种意义上来说，这是很荒谬的事情，因为玩具火车比玩具船大得多。

　　加布里埃尔：你喜欢我的玩具吗？我喜欢，它们很像法国玩具。我们去过法国。在法国期间，我不喜欢任何人和我在一起。

此时，她在感受着个人内心的现实体验，只是让我大概了解了一些细节

质疑：对假期提出抗议

孤僻状态

此时,她正在玩一辆非常小的木制火车。她拿起一些木头,把它们摆成扇形,嘴里数着一、二、三。她把一根棍子塞进地毯里,想让它立起来,但它站不起来。我搭了把手,跟着火车往前走。她差点把火车车厢和牵引车头一起扔我身上,因为她不想要了。接着,她把玩具非常精心地布置好了。中间有一条S形房屋线,两端各有一座教堂。在她的一边,有她自己和许多代表她自己的物体。在另一边,也就是我这边的S形线,是她扔给我的牵引车头,还有我自己和其他物体。这是一种"非我"的表现形式,是一次深思熟虑的交流,表明她已经完成了与我的分离任务,作为她自己的自体那部分已经建立起来了。这也是防止被再次入侵的一种机制。一些车辆从她那边越过了边线,开到了我这边。与此同时,她嘴里说了一些"没人知道是如何……"之类的话。

最终,她明显地感觉到有什么事情发生了,因为她开始唱歌了。当我说她心里有想法时,她用"藏起来的"把刚才的句子说完了(这里,我要特别说明的是,"藏起来的"是她的原话)。她在自言自语:"小男孩必须和小女孩在一起,才能交朋

> 攻击性行为,把她的攻击性冲动释放出来,指向了我

友；我的朋友理查德·莎拉（还有其他一些女孩的名字）。"房子和玩具组成了两条线，在一端相交。有一个女孩叫克莱尔[1]。我认为这和暑假有关。她给我讲着克莱尔住过的地方。

> 加布里埃尔：那是我偶尔去的地方。不，我没去过。

她跟我说，目前，那里流行腮腺炎。所以，她无法前往。

> 加布里埃尔：所以，我没法去了，尽管我很想去。我看不见他们，他们也不能来看我。我不知道该怎么办。于是，我就去学校玩。我喜欢去学校玩。由于流行腮腺炎，一切都乱套了。他们不能出去，也不能去游泳。他们想出去，但是，因为腮腺炎，出不去。妈妈担心把感冒传给我。所以，不让我去。她的确不让我去。我很……我不知道该怎么办。

隔离主题与"我和非我"的防御边界是一样的

---

[1] 克莱尔与温尼科特太太的名字一样纯属巧合。

我：我不明白（我已经从身份的建立方面解释过了）。

加布里埃尔：那只漂亮的船在哪儿？我把船都放在哪儿了？（我们找了，但没找到。）在桶里吗？不，不可能。看我的手多脏（她手里拿着船）。可是，别的船呢？我想知道它们去哪儿了。这里还有一只。我以前知道船在哪里。我过去对你们很习惯，但现在不了。我长大了。它们边走边聊。

接着，她又说了一些与孔雀有关的话。

> 孔雀就是温尼科特

加布里埃尔：但是，它们不懂。总是咩咩地叫着。孔雀只是摇摇头，像在说不。它们从不说"哦，亲爱的"。

加布里埃尔唱了一首歌，来说明"哦，亲爱的"的用法。然后，她把船一字摆开，驶向远处。"谁上了这些船？"她在唱一首船歌。她又整理了一下船，我也整理了一些木头。加布里埃尔说："我们都做了船。现在，我们要整理好。你为什么给我这么多船？真的很好笑。"

她继续玩着，所有船只都驶向远方。远处，有一排车辆。在她那边，还有很多东西，把她和我以及我这边的牵引车头隔开了。她那边的玩具安排得井然有序，彼此之间不会碰撞。她在唱歌，内容是她拥有各种颜色的汽车。

> 加布里埃尔：这根绳子是干什么用的？放这里吧。

我只得把绳子切断，使其长度正好。她拉着火车头穿过整个房间。

> 加布里埃尔：剪刀去哪儿了？（因为她看见我用的是刀）
>
> 我：我把剪刀放在楼上了（我口袋里一直都装着剪刀）。

她回到了玩具那里。

> 我：你又准备走了？（因为我看到她在收

生者与死者之间完全不同的内在客体

拾东西）

加布里埃尔：房子放在哪儿？

她给了我一辆火车。然后，隔空把东西扔给我，因为毕竟我在边界的另一边。"给你。"她说了很多遍，"给"现在在她的游戏中表达的是"进退两难的我"的概念。她还给了我一些东西，一些她喜欢的东西。

加布里埃尔：当我再来的时候，我会发现你已经把一切都收拾好了。

她好像从什么东西里解脱出来了，于是，我做了个记录："终于解脱了。"这和爸爸轿车有关。她说："等一下。现在我要打扫一下了。好了。"她非常小心地把车收起来，"我不想把它们弄坏了。"她数了数火车，"哪趟车最好？"她把它们摆好了，"把玩具整理好。"然后，她来到石头前："现在把妈妈收起来。温尼科特先生，这个放哪儿好呢？"她接着说，"好好收拾一下。"她拿洗眼杯玩了一会儿，然后，问道："谁把这个黑

通过超自我的建立和接受管理焦虑

暗的东西放在玩具里了？"她似乎快收拾完了。她把绳子卷起来，放进桶里。剩下的零碎物品装在了一个盒子里。她说："好了。放哪儿呢？现在比较整齐了。"还剩一个盒子，她把它放好了。然后，说道："现在整理垫子。这地毯料子真好！谁给你的？这块地毯有点硬（细灯芯条布的，上面是漂亮的东方地毯），不是很好。不过，可以很好地保护地板。这个垫子的材料非常好。这个也不错。（走向椅子）还有这个。"她走到沙发前，检查了沙发和垫子的材料。她继续往前走，说："这把椅子非常好。"然后，她去找爸爸带她回家。

对外在客体的观察，客观性

评论

1. 以自我的身份出现，不是因为困扰。
2. 能明确表达"我"和"非我"。
3. 沟通实验。
4. 隔离。"我"和"非我"之间的防御墙。
5. 整理玩具时对外在客体的管控。
6. 客观性与外在客体有关。
7. 现在，她对现实的（非治疗性的）温尼科特先生和他的家（夫人）产生了某种程度上的正性移情。

8. 可以期望黑色现象也成为现实世界中客体的某些方面，在她自身之外，并与她分离。

9. 迫害性黑色属于组织防御中回归融合的残留物。

父母来信

加布里埃尔希望再次见您。我相信相当紧迫，尽管她不好意思开口。她建议我送您一份礼物。她还想送一份礼物给一位曾在我们家做家政服务的女士。她非常喜欢她，只是她现在不在我们家工作了。[1]

黑妈妈的主题再次出现，尽管方式不同：我没有给黑妈妈写过信……她给了我一个可爱的花瓶，里面长着东西。（我们的日常帮手"瓦蒂"是一位深受大家喜爱的老太太。她给了她一个球根，盛在玻璃罐里。）"我害怕黑妈妈。我没给她钱。

---

[1] 感恩意味着接受分离，接受现实原则，这是幻灭的结果。

她给了我一个可爱的木杯子。"给黑妈妈付钱的事成了她的口头禅。

最近,她又开始出现难以入睡的问题了。她要把洋娃娃、泰迪熊和书全都放在床上。这样一来,床上基本就没有什么空间了。这两天,她白天的表现也很不好,好像我们的话(乃至我们本身)都毫无价值。也许,我们在坚持自己的立场和主张方面有点疏忽,我们正在努力纠正这一点。但是,在加布里埃尔不发作的时候,她确实表现非常不错。[1]

---

[1] 正在康复的患儿的管理困难是:父母什么时候应该对患儿坚持立场?什么时候应该按正常孩子对待他们?也就是说,什么时候使其从病态的超我中恢复到家庭环境中的自然儿童?

第8次会诊

（1964年12月1日）

主题：拒绝不好的东西

加布里埃尔（现在3岁零3个月）进来说："我先玩这些玩具，然后再玩这个可爱的小玩具。"她带来了一个很大的塑料士兵。她又说："不错。来，都到美丽的小村庄来。"

我说过，这个世界上存在着一些不好的东西。她拿起牵引机车，说："太好了。苏斯也有一只狗。"她拿起绳子，说可以把牵引机车固定在小火车上。"我们上车了。"她把火车放在我们身后，"你的火车不少啊，温尼科特先生。"她想让我帮她把绳子固定好。

> 加布里埃尔：不错。我本来可以下午来的，对吧？那样就太好了。只是来看你（她把更多的车厢连接到其他车厢上）。别推开它们，电车。

我：温尼科特的火车住在哪里？是住在这里，还是住在加布里埃尔里面？

加布里埃尔：住在这里面（她指了一下）。这个火车怎么了？这个呢？（她发现了火车车厢上的一个钩子。）我把火车放在这里。哈！哈！哈！我差点把这个士兵压扁了。他哭了。他来自我家那里。嗯，后面的火车真不错。温尼科特先生，车站在哪儿？（我竖起了两个栅栏）对，就是这儿（她把车厢连在一起）。这就是车站。温尼科特先生帮了我大忙。那是什么？

我：托运行李的。

加布里埃尔：又一个老火车，车头很大。我有一双漂亮的新鞋。这是行李车。最好这样（她在摆放货车和行李）。苏斯是个大麻烦。拼图。她靠近拼图，把它们弄乱了。我把她推开好几次了，她又来了。真讨厌。等她长大一点，就可以做我正在做的事了。她老是过来打扰我。我想要一个新的宝宝，一个不会靠近我、不会拿走东西的新宝宝。

我说了一些关于让小猪猪变黑的话。

　　加布里埃尔：不。这样，她哭了。然后，我大声喊着，我非常生气，我声音越来越大，她又哭了。然后，妈妈和爸爸生气了。她就像"奇科"一样。奇科是法国的一种野熊。有一次，他们两个惹怒了一只奇科熊。奇科妈妈很可爱，她在笼子里面，奇科宝宝在笼子外面。她很大，像妈妈肚子里的宝宝。奇科宝宝没有待在笼子里面。猴子、狮子和熊待在里面。

　　我：还有什么呢？

　　加布里埃尔：奶牛和长颈鹿不在笼子里，蛇和狗在笼子里。不，猫也在笼子里。我们有一只黑猫，它每天晚上都来看我。我到平台上去，黑猫在那里，我抚摸着它。有时候，它来我家。妈妈给它东西吃。这是什么？（这是房子弯曲的一端。）为什么会这样？它是由弯曲的木头制成的。

　　我：由一个弯曲的男人做的（我想起了童谣，它把我的思路给带回去了）。

加布里埃尔在吃玩具塑料人。我说她吃那个塑料人，是因为她想吃我。

我：如果你吃了我，那就等于把我带走了，装进了你的身体。那样的话，我就不会离开了。

加布里埃尔：他坐哪儿？他可以去那个小房子，不是弯曲的那个，是这个（教堂），还有这个。这个特别好。

她坐在羔羊背上。眼睛一直盯着火车旁的士兵。

加布里埃尔：这是一只小傻狗（羔羊）。谁在它的脖子上系了一条丝带？挺好看的。我也能系，但宝宝不能。苏斯不能。有时候，我会给我的宝宝穿上一条小裙子，让她看上去漂漂亮亮的。然后，带着她出去逛街。哦，这是谁干的？（另一个毛绒玩具——农牧神）它们站不住。可以了，漂亮的狗狗。

加布里埃尔一直在摆弄着它们，在找平衡。我们一起汪汪地叫着。我说了一些有关她和"苏斯宝宝"的事情。

加布里埃尔：你知道苏斯生气了吗（她发出了生气的声音）？她真的生气了，她哭了。我生气的时候就会哭。我晚上哭的时候，会把手指放进嘴里。我不得不张着嘴哭。这是哪上面的？也许是从一辆小车上脱落下来的一个小轮子。这个桶应该在这里。这些房子很漂亮。我在给狗盖一个小房子。这些都是给狗盖的，它们在房子里吵架。又一只狗进来了，又一个小房子（和其他的房子隔开的）。

我谈到她和苏珊需要单独的房间或单独的房子，因为她们总是吵架。

加布里埃尔：长大后，我会在妈妈之前变老。是的，在她老之前。这是干什么用的？（她又一次拿起蓝色洗眼杯，打量着）要是妈妈变老了，我也会变老。把它变成一个小房子吧。说：所有的狗都来。也就是说，各有各的房子。这样，它们就不会吵架了。它们常常争吵，吠叫，发出可怕的噪声……我想，爸爸想让我过去。

> 焦虑的内容：十有八九是对妹妹的恨

我：不过，你已经摆脱恐惧了吗？

加布里埃尔：我害怕黑色的苏斯，所以，我来和你的玩具玩。我讨厌苏斯。是的，每当她拿走我的玩具时，我就非常讨厌她（暗示：在温尼科特医生的房子里，她利用玩具把苏珊排除在外）。这房子真漂亮。当苏斯穿着漂亮衣服时，她是真的很漂亮。她会喜欢这个房子的。你知道她做的事情吗？她喜欢我的时候，就会走过来，弯下腰，"啊啊"地亲我。每当妈妈准备进城时，她就会很喜欢我。那个时候，她真的很好。

我：你恨着苏珊，同时又爱着苏珊。

> 爱恨并存

加布里埃尔：玩泥巴的时候，我们都会变黑。我们两个洗澡，我们两个换衣服。有时，妈妈觉得我身上有泥巴，苏斯也一样。我喜欢苏斯。爸爸喜欢妈妈。妈妈最喜欢苏斯。爸爸最喜欢我。我出去告诉爸爸？我还不想走。我

> 泥土就是粪便，也就是融合在一起的爱

打不开门。哦,打开了。

她出去找爸爸了(先后待了40分钟)。她回来了:"温尼科特先生,几点了?"我把时间告诉她了。"再来5分钟。关门!"(她真的砰的一声把门关上了)"它往哪边走?我穿的衣服太多了。""我太热了,像……"(她重复了很多次)"苏斯想脱衣服时,就脱了。"(她拿出了绳子)"我们可以把这个系在火车上。当我们想玩的时候,就一起玩'编玫瑰花环'。你来固定住。"(我照做了)"我们可以把这个切掉。切掉!"(我照做了)"谢谢你,温尼科特先生。"她在玩火车和绳子:"这样更好。太小了,我得弯下一点。"

她跟我说了她来时坐的火车。火车必须用非常结实的绳子拉着。

加布里埃尔:玩吧……(有一辆运兵车。)苏斯有时会把东西颠倒过来。我一点都不生气(她把火车拉走)。嗯……你是不是很想让我收拾一下这些玩具?(显然是暗示)

我：留给我吧。

加布里埃尔和爸爸一起走了，留下一个乱摊子。这与她之前把东西收拾好再走形成了鲜明的对比。她的自信心在日益增长。现在，她相信，我完全可以容忍她留下的乱摊子、她心中的小秘密及其无节制的狂怒。

评论

1. 本次会诊中的关键词是"好"，预示着背后的"不好"。令人不快的＝攻击性的驱除与爱的融合＝依赖于它的接受方式。

2. 通过合并来处理失去及其带来的焦虑；内在客体的支持；防御自身的外在装饰（丝带——脖子）。

3. 完全不同的内在客体的释放（防御：参见前几次会诊）。

4. 爱恨并存和泥土。

5. 第一次把乱摊子留给我。

父亲来信

在回家的路上,加布里埃尔一直是一个"小宝宝"。她的拇指在嘴里鼓捣着,嘴里发出"吧吧"的声音(现在,她经常吸吮自己的拇指。从苏珊出生那一刻起,她就这样了)。

回到家后,她想见苏珊。她几乎是含着泪睡去的。在静下心来吃午饭之前,她坚持要做一个智力拼图游戏。对她来说,把零碎的东西拼在一起非常重要。

今天早上醒来时,她瑟瑟发抖,因为她梦见了黑色的苏斯。她说黑色的苏斯想让她累着,想通过哭声让她醒着。

父母来信

在您见加布里埃尔之前,想再给您提供一点信息。

几天前,她说(后又重复了一两次):"我已经支付给妈妈了。"

（妈妈的话）"给黑妈妈付钱"一直让我担心。我想知道，她是不是在利用有价值的能量，利用自己的部分力量让黑妈妈保持安静，确保自己不会被黑，以此来换取安慰。如果是，程度到底有多大？我想知道，这种情况是否会导致对"好"与"黑"的混淆，是否会导致对这种混淆的严格防御？

黑妈妈算是安顿下来了。然而，这并没能让她早点入睡。她现在被"黑苏斯"困扰着。她晚上来找我，因为她喜欢我，而她却变成了黑的。

事实上，苏珊对加布里埃尔很温柔。但是，当她想要东西的时候，会变得十分强势，会非常无情，横冲直撞。

母亲来信

加布里埃尔好几次提出要见您。她一直表现不错。但是，近来，一到晚上，她就开始担心。而且，白天里，似乎也不在状态。

她一直要我们叫她苏珊（她妹妹的名字），而不让我们叫她自己的名字。她一直吮着拇指，无精打采，对周围的事情提不起兴趣来。昨晚半夜，她又叫我。我问："你担心什么？"她说："我自己。我应该去死，可我不想，因为我太漂亮了。"

她还说想让我死，然后，和她爸爸一起睡觉。接着，又说："但是，我只想要这个妈妈。"

她想带苏珊来见您，因为温尼科特医生是一个很好的宝宝制造者。

当她做诸如画画这样的事情时，很快就会气馁，然后，把一切都搞得乱七八糟。她喜欢清洁，喜欢整理东西。

我写给小猪猪父母的信

无法马上和加布里埃尔见面，我深感不安。这段时间对我来说非常难以度过。你们可以告诉她，虽然我不能马上见她，但我还是想见她。

如果你们觉得我忘记了，不要犹豫，直接给我打电话或写信好了。请告诉加布里埃尔，我爱她。

父母来信

加布里埃尔一直非常想见您。最近,她似乎一直很沮丧。我们认为应该把这件事告诉您。

有一天晚上,她想让我们查一下去伦敦的夜车。她要去见您,说:"因为我不能再等了。"

她越来越不愿意睡觉了。她给出的一个理由是,她不想长大,那样,就不用生孩子了(这是她态度上的一种转变,她以前一直很想要孩子)。最近,她尤其不想睡觉,她说:"我想感觉自己还活着。"

她不停地吮吸拇指,整个精神状态显得忧伤和紧张。她早上醒得很早,晚上还担心"黑妈妈"会来。

我们不得不答应加布里埃尔给您写信,我们也觉得应该做点什么来帮助她。随信附上一幅画。这是加布里埃尔今天早上完成的,她非常迫切地要送给您。

父母来信

您能为加布里埃尔挤出时间,我们感到十分欣慰。当她听说能来看您时,似乎变了个人。她说:"那样的话,我就可以把所有烦恼都倒出来。可是,时间不够啊。"她整个早上都不再吸吮拇指了。

我们想告诉您我们对加布里埃尔最担忧的一件事情,却不知道如何开口。她似乎难以认同自己的身份。她不同认自己,断然否认咬了苏珊的屁股。她觉得自己是苏珊,拒绝别人叫她的名字。她在地板上和泥,大声发着牢骚。

她也有非常成熟的一面。也许是我们对她的回应使她更难将不同的方面融合在一起。

她咳嗽得很厉害,还感冒了。希望不会影响去看您。

妈妈笔记

我真不清楚她为什么不认同自己的身份。她

要么是妈妈，要么是苏珊，就不是小猪猪。擦鼻子时，她告诉我："苏斯感冒了。"我记得，即使在这个时候，当有人问她感觉如何时，她会回应说苏珊怎么样了。我想知道，这是否与提前离开您以及"把坏烦恼留给了医生，把好烦恼留给了自己"之类的话有关。

第9次会诊

（1965年1月29日）

加布里埃尔（现在3岁零4个月）径直进入诊疗室，朝玩具走去，让她爸爸去候诊室。

加布里埃尔：（她从一堆小玩具中拿出一个毛绒玩具，又拿了几个小火车。）这是装在货车上的东西。有时候，苏斯早上起来确实会很兴奋。我对大人们喊道："苏斯兴奋了！"她说："姐姐起床了。"她会在夜里叫醒爸爸妈妈。一个小怪物。妈妈！爸爸！她晚上一定要吃奶瓶！（给我的感觉几乎全是苏珊，而不是她自己）

她一边说着，一边玩着玩具："这个没法连接到别的上面。（她给我看了一个没有挂钩的货车）这个不错……"她从玩具堆里挑出一样东西来。我说："洗眼杯。"（这是她一直都很感兴趣的蓝色洗眼杯）她从桶里挑着东西。她患了重感冒，想要纸巾，我给了她。但是，在她的谈话中，这一切都和货车混在一起了。她擦着鼻子说："苏斯得了重感冒。"

我：我想，我明天会打喷嚏。

加布里埃尔：你明天会打喷嚏。我知道，温尼科特先生，你把这个东西固定在这里。

我向她指出，她正试图利用许多零件制造出某个东西来。这意味着，她要利用苏珊、温尼科特、妈妈和爸爸制造出某种东西来。这些东西在她心里是各自独立的，她无法把它们连接起来，变成一个东西。她一边推着火车，一边唱着。她抓住了缠绕在木制火车头上的绳子，说了一些有关捆绑的事情，并让我帮她一把。

完整客体概念的出现

加布里埃尔：一小段绳子。缠上去。（她自言自语）我们发现，苏斯真的是个小怪物。我们叫她"希克鲍太太"。西蒙和国王围着炉火[1],转着圈,踢着腿。一个小女孩烧着栗子。小女孩花了很长时间(这显然是爸爸对苏珊的评论)。再说黑妈妈,她每天晚上都来。我什么都做不了,她很难相处。她上了我的床,却不允许我碰她。"不,这是我的床,我的床。我得在上面睡觉。"爸爸和妈妈在另一个房间的床上睡觉。"不,那是我的床。不,不,不,那是我的床。"那就是黑妈妈。有人在奏乐,两个小土耳其人(显然是某人对两个孩子的评论)。爸爸可能会说我很坏。

我:怎么叫坏?

加布里埃尔:淘气的人。我有时候很调皮。(此时说的是乘火车去伦敦的事情)我们在地下走着。快看!(她抓住了一个毛绒玩具)苏斯对加布里埃尔去伦敦感到难过。哦(抑扬顿挫的声音),我的姐姐什么时候回来?她上厕所的时候,需要我来帮忙。今天早上,我打开厕所的门,她走了进来,让我脱掉什么,玩布娃娃。我每天晚上都很担心。是黑妈妈。我

---

[1] 这是一首童谣,大意是老国王西蒙陛下和年轻的乡绅西蒙爵士,还有希克鲍太太,都围绕着炉火,踢着希克鲍先生。

想要我的床,她没有床,没有雨衣。所以,我要淋湿了,她不关心自己的小女儿。

我:你说的是你妈妈,说她不知道如何关心你们。

加布里埃尔:妈妈知道,黑妈妈才可怕。

我:你讨厌她吗?

> 把好妈妈和坏妈妈分开

加布里埃尔:我也不知道自己怎么了。天啊,我被黑妈妈赶下床了。我有一张多么漂亮的床啊。"不,小猪猪,你没有一张漂亮的床(她沉浸在一种体验中)。"她在生妈妈的气。"你为这个可怕的女孩准备了一张可怕的床!"黑妈妈喜欢我。她以为我死了。可怕!她不了解孩子,不了解婴儿。黑妈妈不了解婴儿。

我:你妈妈生你的时候也不了解婴儿,是你教会了她如何做苏珊的好妈妈。

> 体验(妹妹到来之前)自我与好妈妈之间的接触;如今失去了好妈妈;体验失去的滋味,回忆好的体验

加布里埃尔:我出去买东西的时候,苏斯会很难过。等我回来了,她就会很高兴。哦,妈妈,妈妈,妈妈!(她说这话的时候非常伤感)我不想要一个难过的时候或出去的时候就亲我的好姐姐。你背后有玩具,很难把它们拿出来。这里有房子。苏斯有一次在夜里把我叫

醒了。

　　我：哦，真讨厌！

　　加布里埃尔试图把火车头和一些货车连接起来，但没有成功，因为它们很不匹配。这里，有很长一段时间，具体活动情况不太清楚。在这段时间里，我自己有点困了，似乎也没有发生什么明确的事情（这段时间里的记录很模糊，说明我当时真的是很难睁开眼睛）。她在嘀咕火车、轮子之类的事情。然后，她说："我冷，我要戴上手套。"我这段时间"模糊"了，这一点必须考虑在内，它本身与加布里埃尔在会诊期间的"模糊行为"有关。从某种意义上说，我"捕捉"了她的"投射"，或者说，"捕捉"了她的情绪。这里，我明确记录下来了，那段时间我一直很困。但是，毫无疑问，如果真的发生了什么事情，我会醒过来的。后来，她让我在黄色的电灯泡上画一只老虎，我也就真的醒了。

　　加布里埃尔：真可爱！我以前见过这个。我要给爸爸看看。很长一段时间里，妈妈不想要孩子。后来,她想要一个男孩,但她生了一个女孩[1]。我们长大后会有男孩的。我和苏斯。我们必须找一个像爸爸一样的男人结婚。这里有一双靴子。你听见我说话了吗,温尼科特医生?我这里有一些可爱的行李车。

她接着说:"这是我的床,所以,我不能坐火车去见温尼科特先生。不,你不想去见温尼科特先生。他知道噩梦是怎么回事。不,他不知道。不,他知道。不,他不知道。(这是她自己跟自己的对话)他不想让我摆脱她。"

我把黑妈妈作为一个梦来谈论,试图让加布里埃尔清楚地认识到黑妈妈就是一个梦,而且,现实中的人和黑妈妈是截然相反的。现在,到了可以谈论梦境,而非内心现实(内心虚妄的"真实")的时候了。

加布里埃尔:我拿着枪,一动不动地躺

---

[1] 加布里埃尔的妈妈在她出生的时候,是不在乎男孩女孩的。后来又生了一个女孩(也就是苏珊)后,妈妈就想要一个男孩了。

着。我想向她开枪,她走开了。你知道他们对我做了什么吗?我睡着了,无法说话。那只是一场梦。

我:是的,那是一个梦,一个里面有黑妈妈的梦。

我问她:你希望坏妈妈是真实的人还是梦里的人?

加布里埃尔:你收到我寄给你的卡片了吗?我没有任何意思。你知道我有什么吗?我有一些多米诺骨牌,要给……(她说出了邻居家小男孩的名字,她在玩船。)这个颜色很好(她发出了悦耳的声音)。苏斯有时候胳肢我。

加布里埃尔又说了些什么,听上去像"加加瓜"。这与她和苏珊之间的对话有关。然后她说:"这是什么?(那是围栏的一部分)温尼科特先生,我不能在这里待太久。你能改天再见我吗?"

很多人会轻易地认为,她对我不满是因为我

焦虑:但主题不明确

当时睡着了。但事实上，整个过程（甚至包括我的困意）很可能都与加布里埃尔的巨大焦虑有关，这使得她无法正常交流。焦虑与黑妈妈的梦有很大关系。此处，我问到了梦中的情况。她说："我梦见她死了。她已经不在了。"在这一点上，她做了一件我确信具有重大意义的事情，无论它象征着什么，而这一点从会诊整体质量发生变化这一事实中可以看得出来。似乎一切都为这件事情的发生让道了。她拿出蓝色的洗眼杯，放进嘴里，又拿了出来，同时，发出了吮吸的声音。

> 这是患儿在分析环境下整个行为体验中最重要的事情

  加布里埃尔：我非常爱她，这很好。黑妈妈是坏妈妈。我过去喜欢黑妈妈。（这是一个以游戏形式报告的梦。她继续谈论着可爱的货车）继续玩吧。

> 黑色现在变成了或明亮或白色或理想化的妈妈的对立面，后者都是前两价性阶段的内容，也是作为主观性客体妈妈的内容

这发生在我说会诊该结束了的时候。换句话说，焦虑在这一小时里以某种方式被克服了——这是达到矛盾心理的一个新的阶段。

  晚上，加布里埃尔的父母打来电话，问我有什么进展。我说这一个小时很难理解，但一切都指

向一个地方，即妈妈被开枪打死了。在这种背景下，黑妈妈就是丢失了的好妈妈。洗眼杯的事情的经历似乎意味着，加布里埃尔发现了好妈妈丢失的地方。

注解

这里，出现了这样的记忆：现实中的妈妈（被野蛮吃掉，被矛盾心理所射杀）取代了主客观分裂导致的更加原始的分裂身份（妈妈分裂为好妈妈和黑妈妈）。

几天后，父母打来电话，说孩子变化很大，已经成为一个"情感更加丰富、精力更加集中"的孩子了。她正在和妹妹一起玩，不像以往那样备受困扰。其结果是，妹妹很少袭击她了。她对妈妈也热情多了，能和妈妈一起玩了。她不由自主地说："我把我不好的烦恼留给了温尼科特医生，把好的东西留给了自己。"（从新的身份分离中得到益处）

这种情况持续了三周。之后，她又开始担心黑妈妈了。在这三个星期里，情况有了很大的改善，父母因此备受鼓舞。尽管她偶尔也会生病，但比以前活泼多了，也能和妹妹一起玩了。她一直在说："温尼科特的生日是哪一天？我想送他一份礼物，但不能包起来。"有一次，她跟妈妈说："你一生气就变成黑妈妈了。"然而，这一切的背后意味着黑妈妈就是原来的好妈妈或主观中的妈妈。

> 包起来意味着被防御机制掩盖着，正如她玩的时候内心退缩一样

评论

（一次重感冒）

1. 对内在客体或内在精神现实意义上的客体即时体验的担忧。

2. 黑妈妈：床上的对手，坏人的概念。

3. 黑妈妈，作为分裂的妈妈，要么是一个不理解婴儿的妈妈，要么是一个非常理解婴儿，但因自身的缺席或失去使一切变黑的妈妈。

4. 黑妈妈中的积极元素："妈妈，妈妈，妈妈"中的悲伤 = 记忆。

5. 会诊中的低落情绪：双向的。

6. 现在黑妈妈进入梦中的方式：白日梦。

7. 记忆转变成了伴随极度兴奋特质的口唇部位的体验。

8. 送给温尼科特医生的礼物——没有包装——即开放的、清晰的、明显的（婴儿）。

父母来信，由母亲执笔

加布里埃尔让我写信，请求与您见面。与以往不同的是，她没有说出任何理由，但似乎非常紧急。她是在我生日当晚提出这个要求的。虽然她尽了最大努力确保生日成功，但是，由于不是她的生日，她似乎感到非常痛苦。她几次走到我的面前，假装认真地打我。她睡不着觉，因为过生日的不是她。

自从上次见了您之后，她似乎表现得很不错，给人的印象是比以前更加健康了，更加稳定了。

我能想到的唯一不好的事情就是吸吮拇指。另外，和大人在一起时，她往往会胡言乱语，上蹿下跳，以此来吸引注意力；和孩子在一起时，她反倒会很羞涩。

她对妹妹的宽容和理解有时让我感到脸红。

我觉得这次没能为您提供任何真正重要的信息。她的生活是非常私密的,她完全生活在自己的内心世界里。

(随信寄去加布里埃尔的两张画,信封上写着"我爱温尼科特先生"。)

母亲来信

加布里埃尔绝对不是从前的样子了。她看起来更像是一个完整的人,尽管有时这似乎是通过坚定的决心做到的。

她非常急着见您。"怎样才能带着两个宝宝去见温尼科特医生呢?我想带着苏斯一起去。"我们想知道苏斯在多大程度上已经成为加布里埃尔的一部分。她总是谈论苏斯,谈论她的冒失与顽皮。即使有人问起她自己的情况时,也是如此。

如果您让我说说我们最担心她什么,那就是她经常十分忧郁地吮吸着拇指以及变化无常的破坏性行为。跟她妹妹不同,她妹妹从来不随意破坏东西,她总是小心翼翼地清洗整理自己的东西。破坏

> 吮吸拇指与对客体极度兴奋的体验有关

分裂的未融合性攻击占据优势

性行为似乎突然降临到她的身上。她在破坏东西时，显然不带任何激情，带的只是冷酷的决心。

但是，她现在玩游戏时显然比以往多了许许多多的创造性。

第10次会诊

（1965年3月23日）

加布里埃尔（现在3岁零6个月）是由爸爸带过来的，我让她稍等一会儿。她反复说着"回到你的洋娃娃那里去吧"。像往常一样，她和我在地板上玩，嘴里一直喋喋不休。大概的意思是："苏斯的书在火车上；我最喜欢的书；娜塔莉·苏斯，美丽的名字；那是意大利语；我是黛博拉·加布里埃尔。"

她很高兴地说着这些名字[1]。她从身边拿起一个玩具说："这到底是什么？这里的玩具我一样都没有……"她一边把几个货车连在一起，一边说道，"这么多玩具！天哪，这么多玩具！"（实际上，从她第一次来这里之后，除了洗眼杯之外，我没有添加任何玩具。）

---

[1] 参见上次会诊，客体的极度兴奋的嘴部活动。

她自说自话，十分满意。接着，她说："这到底……"她拿起一个火车，把车厢连接起来。

我在这里的评论是，她正把她自己和我连接起来。

加布里埃尔：火车上……苹果汁……我们在火车上玩得很开心。有一列很长很长的火车。很长很长（她扬起手臂比画火车的长度）。

我：长长的距离与你最近两次见我的间隔有关。加布里埃尔花了很长时间才知道我是否还活着。

这似乎是给她的某种暗示。

加布里埃尔：你的生日是哪一天？我想给你一些礼物。

在这种情况下，我发现可以将生与死联系起来了。

加布里埃尔：太可怕了。蛇很可怕，但前

> 提是有人伤害它们。这时，它们才会咬人。有一次，妈妈去动物园，那里有一只鹦鹉。它说："你好，亲爱的。"（她开始模仿鹦鹉，惟妙惟肖）
>
> 我：你是说动物园里还有其他东西，比如说蛇。
>
> 加布里埃尔：我对爸爸说："这个有毒吗？"我正要伸手去抚摸它，爸爸把我拉开了。从她的表情可以看出，她很开心。
>
> 我：你是一个快乐的小女孩吗？

加布里埃尔说了一些苏珊的事。

> 加布里埃尔：我不管造了什么，都想毁掉它。但她（苏珊）不会。她有奶瓶。一开始我想喂她，可她走开了，不让我喂。她是个可爱的小宝宝。
>
> 加布里埃尔：有时候，我们相处得很好。
>
> 我：这就是你喜欢来这里的一个原因，也就是离开她。
>
> 加布里埃尔：是的。我不能在这里待太

久，因为很快就要吃午饭了。我可以改天再来吗？

此时，她正表现出远离苏珊、与我在一起（对她很重要）的焦虑。她接着说："实在对不起，我们来得有点早。我在家里实在待不下去了，我很想见到温尼科特先生。苏斯很想见到温尼科特先生。苏斯说'不！不！不！'意思是'是！是！是！'。她在夜里醒来，把每个宝宝都叫醒。太可怕了。她没有叫醒我，我根本不听。是的，我几乎听不见她说话。她说什么？'妈妈妈妈水仙花爸爸爸爸水仙花妈妈妈妈乌骨鸡。'"

加布里埃尔在把房子排成一排，和前面的一样，一端有一座塔。我想这是一列火车。她说："狗不能吃小骨头，因为里边有碎片。"她用手搓着车轮子，似乎是表明她在对自己做着什么。她说："很疼。你养狗吗？"

我：不养。

加布里埃尔：外婆养狗，那只狗叫"邦尼"。

> 享受与我和我的玩具在一起，摆脱了苏珊这一行为活动相关的焦虑

她把玩具分散排列，这样，每一个都是独立的[1]。我给她指出了这一点。她说："是的。"然后，又说，"砰！又倒了！"她碰了一下我的膝盖，马上跳开了，说："我得去找爸爸。我马上回来。我要把洋娃娃拿来。"那是一个很大的洋娃娃，叫弗朗西斯。她把它带回来了，要我和它握手。她在摸我的鞋子。伴随着深情的触碰，焦虑慢慢显现出来了。从某种意义上讲，将物体分开是一种防御。与我的接触是核心，各种各样的罪恶感相继出现了：远离苏珊的罪恶感，以及对物体破坏的罪恶感。因此，可以说，在物体相互分离的背后，存在着一种由损坏的物体部件组成的内部混乱状态。

> 每个客体与其他客体的分离，都有其相对抗的一面：突然增强的对抗

　　加布里埃尔：一天晚上，我做了一个噩梦。梦里……我闭上眼睛。我看见一匹漂亮的马。它叫牡马。它的耳朵和鬃毛都是金色的。太美了。金色，漂亮闪亮的金色。那匹漂亮的马正在践踏小麦（她解释说小麦是一种谷物）。

> 说梦

1　参见第7次会诊，在她那边散落的玩具代表小猪猪正在构建自己的身份感。

然后，她补充道："有时，他们让我留下来吃晚饭。"这样，就给了我一个梦的现实情景。在这个情景中，她阻止了父母的房事活动。同时，还有另外一个情景。在这个情景中，苏珊被排除在外，而苏珊是一个她无法适当考虑的复杂因素。

> 加布里埃尔：我们喜欢熬夜。但是，早上又会感到很累。（她拿起一个很小的玩具人物）这个人不会坐。爸爸很漂亮。

加布里埃尔现在以不同的方式摆放玩具，所有的树和人物都站立起来，很有生活感。

> 加布里埃尔：爸爸很漂亮。家里的墙上挂着一幅画。画上两个人走着，一个人站在一旁。
>
> 我：你是来告诉我牡马踩踏麦子的事的。

加布里埃尔重新布置了玩具。这样，就有了一排又长又弯的房子，另一长排房子似乎正驶进

本次会诊的工作

弯道。她说了一些与苏珊有关的事情,说苏珊会到处破坏。她利用苏珊来投射自己不想要的破坏性想法。

加布里埃尔:苏斯打开女士手袋,拿出香粉闻了闻。妈妈穿衣的时候,她在一边捣乱。真可怕。

加布里埃尔:妈妈有一座漂亮的雕像。

此时,她让一只玩具狗(羔羊)站在那里。接着,又拿了一只很大的绒毛狗(农牧神),并开始把它肚子里的木屑挤压出来,继续上一次会诊时的破坏活动。她使劲把手指伸了进去,把里面的填料掏了出来,撒在地上。她通过与爸爸联系表达自己的焦虑。她走了出去,告诉爸爸不要说"准备好了"。

我:你今天主动过来了。

她看上去十分高兴,好像有什么东西得到了纠正。然后,她又开始布置玩具,把毛绒动物和别的玩具全都立在地毯上。

> 加布里埃尔：亲爱的波特先生，我正在阅读《人人》，就给带到了克鲁郡。我将带着它上火车。我要带着克鲁先生。

她正在井井有条地重新摆放着玩具，嘴里重复着"阅读《人人》给带到了克鲁郡"[1]。

> 加布里埃尔：你不要等我。带着五弦琴，去阿拉巴马吧。美妙的音乐。

我能识别各种曲调。她正十分愉快、无忧无虑地唱着，同时加进自己的变奏曲。

> 加布里埃尔：你能递给我一些东西吗？他正在坐盆盆（意思是拉大便）。

她想方设法把农牧神肚子里的木屑倒出来。

---

1 来自第一次世界大战前的一则广告词：哦，波特先生，我该做点什么？我在阅读《人人》，就给带到了克鲁郡。

加布里埃尔：瞧他！

我：他在篮子上和地毯上做了很多手脚（拉大便）。

加布里埃尔：对不起。你不介意吧？

我：不介意。

加布里埃尔：的确挺臭的。

我：你泄露了他的秘密。他还有更臭的呢。

加布里埃尔（过了一会儿）：该走了吗？小猪猪制造了难闻的气味。

我：制造气味就是泄露秘密。（她把一些"臭臭"弄到了牵引机车上和货车上。总之，到处都是。）

加布里埃尔拿起所有的玩具，把它们聚集在一起，营造了一种"大团结"的景象。

我：现在，它们都聚集在一起了，没有谁会感到孤单了。

> 这标志着从肠道幻想向成人想法及其生育能力转变过程的结束，即在进食和排泄过程中接受体内的东西

她说了那只被掏空了的狗（小鹿）的事情。

> 与异常情况
> 的对比

加布里埃尔：对它好一点，让它把牛奶和食物都吃了。

我：你马上就要走了。

加布里埃尔：我现在就得走了。（她把木屑压进货车里）我坐火车回去。现在，我们必须走了。我就把这个乱摊子留给你了。

她也把巨大的布娃娃弗朗西斯留在了后面。不过，她马上回来取了。她发现我还（有意地）坐在地板上，坐在她留下的乱摊子里。她没有带走任何火车。

评论

1. 轻松重建游戏中有意沟通的关系。
2. 我的生日。解读：死亡日。
3. 分离（不同的玩具），接触时发生碰撞。
4. 因对美好客体的破坏性冲动感到内疚。
5. 秘密气味和混乱；金色和美丽。

6. 内部的东西从双重职责中解放出来,也就是,从代表她(妄想)的精神现实中解放出来,现在可以以梦的形式进行沟通。

母亲来信

加布里埃尔又想见您了。她一直问我您是否可以见她,我迟迟没有告诉您。

从某些方面来看,她表现得相当不错。她开始上幼儿园了,每天两个半小时,她很喜欢。她在孩子旁边玩儿,而不是和他们一起玩儿,对此她很满意。然而,她有许多焦虑。我们觉得,她无法全身心地投入,她的一部分似乎仍然处于冻结状态。

最近,我们不在家的时候,她睡在隔壁的房间里。两个房间中间有一道门连着。这让她非常兴奋,同时,也带来很大的麻烦。

母亲来信

谢谢您为加布里埃尔定好了见面的时间。最近,她好几次想动身去伦敦看您。我们费了很大的劲儿才劝住她,告诉她不是她想见就可以见的。

从表面上看,她似乎在许多方面都表现不错。但是,她经常感到抑郁。她常说:"不,我不累,只是难过。"追问她原因时,她会说都是因为黑妈妈,别的则只字不提。

近来,有关婴儿的讨论和猜测从未断过。

第11次会诊

(1965年6月16日)

加布里埃尔（现在3岁零9个月）是和爸爸一起来的。她走进来，那种状态可以说是又害羞，又高兴。和往常一样，她直奔玩具而去。整个会诊期间，她都是带着浓重的鼻音在说话。她是这样开始的："那天晚上，我醒来了。我做了一个有关火车的梦。我呼唤住在隔壁的苏斯。苏斯似乎明白了。她已经过了生日，现在2岁了。"她继续玩着火车，说："现在，我们需要一节车厢，因为火车没有车厢是不行的。苏斯理解得更好。"（暗指比温尼科特理解得更好）

> 对比当初的羞涩

加布里埃尔：她不会说话。

我：我不说话会不会更好？

加布里埃尔：如果你愿意听，那是最好的。（她正在连接火车的各个部分）

> 线索

我：我是说还是听？

加布里埃尔：听！有时候，我和苏斯像老鼠一样安静。这节车厢不合适……（其中一个钩子进不了孔洞）我做这个很久了。我们知道一些火车后面没有这些东西。

加布里埃尔的手抚摸着火车头，她把它放在正在建造的火车后面。她嘴里发出急促的声音，可能是因为扁桃体肿大，必须用嘴来呼吸。

现在，她想让我帮她解决钩子的难题，我用随身带着的剪刀把孔弄大了。当我背对着她时，她说："温尼科特医生，你的夹克是蓝色的，头发也是蓝色的。"我环顾四周，看到她正把蓝色的洗眼杯当作眼镜，观察周围的世界。这个洗眼杯在她上次来看我时具有非常重要的意义（事实上，她现在有两个了）。接着，她继续玩火车游戏，把一些因故障而无法连接的车厢放在一边。她低声说着"冒烟的火车""看看这里有什么""是的，真好玩！"，同时，把另一个蓝色的洗眼杯放在其中的一节货车上。她现在有四列火车了。她又戴上了眼镜，唱道："两只小桶坐在墙上。 两只小桶挂在

> 暗示着她把对洗眼杯的情感全部转移到我的身上；对分析师的认同

墙上。"她旁若无人地唱着,最后,以一声尖叫结束了这首歌:"十只猫咪……"

她把火车部件连接起来,组成了一列火车。她自顾自地说着这个那个,有时,还唱起了童谣。

加布里埃尔:星期六下午,莎莉围着烟囱管帽转。现在,看看这长长的火车。

我:说起长长的火车,你想跟我说什么?(想到我作为听众的角色)

加布里埃尔:像蛇一样长(她说过几次)。

加布里埃尔:蛇咬人,是有毒的。如果你不把血吸出来,人就会死。它可能会咬我。是的,如果我动的话。如果我不动,它就不会咬我。我必须小心点。(停顿下来)这是一列很长的火车。(寻找更多的货车)呜——呜——呜——,噗——噗——噗,(唱着)呜——呜——呜——,噗——噗——噗。

加布里埃尔继续唱着"莎莉把水壶放上",把最后一行改成了"苏斯又把它拿了下来"。

我：你曾经2岁，现在4岁了。

加布里埃尔：不，3.75岁。我很大。但是，我还不到4岁。

我：你想4岁吗？

加布里埃尔：想啊，哈哈。

她拿起一个破了的圆形物体，边唱边玩。

加布里埃尔：烤饼，烤饼，烤饼师，快给我做个烤饼吃。

我：急什么？

加布里埃尔：必须在夜里大家睡觉之前准备好。拉呀，拍呀，放进烤箱里，做好了烤饼，给苏斯和我吃（她重复了几遍，用妈妈代替了苏斯）。

接着，加布里埃尔开始数火车，从1开始，中间跳过几个数，数到了11。数到第8个时，来了一个高潮，这和火车的长度有关。她说："再放一个呢？9个？不，是4个。（这似乎是在瞎说）哎，怎么搞不对了。"然后，她越过我的身体去拿那个

> 似乎她在追踪会诊的次数

毛绒动物（农牧神）。上一次，她差点把它的"内脏"全掏空了。现在，她把它放在别的玩具上方，把里边剩下的填充物一点一点掏出来，弄得满地都是。她一边掏着，一边说着"从小狗体内收集填充物，然后把地板弄得乱七八糟"之类的话。

加布里埃尔：多来点。我要打开羽绒玩具的肚子，里边有更多东西。好香啊。好闻的香水味道。肚子里怎么会这么香呢？嗯，你看这儿，这是从一个干草堆那儿弄来的（用一个洗眼杯收集木屑）。今天是隔壁男孩的生日。

她曾把这个男孩叫作伯纳德，把另一个男孩叫作格雷戈里……现在，已经有一大堆木屑（或干草，或其他什么东西）了。

加布里埃尔：现在，到处都是乱糟糟的。你能看见我吗？（她把镜片贴到眼睛上）

有什么东西砰的一声掉在了地板上。

> 加布里埃尔：力量太大了，房间都摇晃了。把火车叫醒了，火车又继续运行了。我们坐火车去的。伦敦太远了。
>
> 我：你的火车告诉我，小猪猪是由火车部件组成的，小猪猪3.75岁了；那部件也是爸爸身上长长的东西。

这是一列很长的火车（她把车厢和货车连接起来了）。她让火车往后开了一点，说："我们的火车向后开了。（她和她爸爸上来的火车；她把火车拐进了一个宽阔的弯道。）这节车厢需要绳子。"

我们把火车摆好，这样，她就可以拉着了。她说要把它绑起来，还拿"加吉鱼"开玩笑，这也许是我用剪刀让一根绳子从一堆乱麻中解脱出来（就像鱼挣脱了网一样）的缘故。我又问了她一些梦里的情况。

> 加布里埃尔：拖着长长的火车。噢，掉了，撞上什么东西了。天哪！再来。

她把整列火车往一块儿推，顿时，车厢东倒西歪，乱了套的火车离开她，冲我来了。在她的梦里，一切重新开始。

加布里埃尔：有一天，有一个巫师，是海里的巫师，是一个女巫师，不是男巫师（玩文字游戏），抓宝宝的巫婆，太可怕了。

加布里埃尔：哗啦哗啦，噼噼啪啪，雨点落下，我听到雷声，我听到隆隆声。噼噼啪啪的雨点。这里有个戴眼镜的人（我戴着眼镜，小玩具人也戴着眼镜）。他要驾驶牵引机车。这个男人看起来很滑稽。

说到这个，她特意开始了一个新的游戏。她摆了一长排房子，和另一排房子形成一定的角度。这样，就有了一个院子（时间到了，可她仍然没有走的意思）。

我：今天听到了什么？

加布里埃尔：有个邻居说："你告诉我，我就告诉你。"

她重复了几遍,因为她觉得很有意思。她没有理会我让她回去的请求,因为她的事情还没有结束。她小心翼翼地寻找着小动物,找到后,便把它们放在了院子中间。

我在这里做了一个重要的解释,似乎正是她想要的。

她现在已经准备走了,她去找爸爸。

> 加布里埃尔:*最好现在就走,火车正等着我们呢,最好快点。*

她爸爸说不用着急,因为他们无论如何都要等一会儿。她说不能再等了。加布里埃尔和爸爸离开时,看上去很开心,只挥了一下手就走了。

母亲来信(1965年7月10日)

加布里埃尔又要求见您了。在过去的一段时间里,她一直表现很好,现在突然陷入了痛苦和无聊之中。

本次会诊的主题

有一件事情,我一直很担心。那就是,每当我因她大声喧哗或把妹妹吵醒而责备她时,她就打自己,而且方式极其野蛮。她本来表现得好好的,却突然想方设法变得调皮捣蛋。妹妹实在受不了时,便会放声大哭,那哭声中充满了愤怒、沮丧和责备。这个时候,加布里埃尔往往会站在那里,双手捂住耳朵,寸步不让。不过,最后常常会屈服。她俩好的时候是非常好,会主动分享好东西,如巧克力或饼干等。

还有一件事我想告诉您,那就是,她对做女孩的看法。她问我婴儿进去的洞洞在哪里,然后,又问我是不是也想当男孩。她非常想当男孩,但没有详细说明原因。她说,在学校里,她不喜欢"男孩"。我不知道这两者之间到底有多大联系。我们曾经把浴室的钥匙放错地方了,门锁不上。每当爸爸进去洗澡时,加布里埃尔和苏珊就会一拥而上,冲进浴室,那个兴奋劲儿就别提了。

我写给父母的信(1965年7月12日)

我必须请您转告加布里埃尔,我现在不能见

她，必须等到9月份[1]。

我对事情的发展并不感到绝望。孩子确实应该在家里解决自己的问题。如果加布里埃尔能设法渡过目前的难关，我不会感到惊讶。她想到我这里来，这很正常，因为她以前常常这样做。我一定会再见她，但不是现在。

妈妈来信（1965年7月13日）

我只是转达了加布里埃尔的请求，并没有就她是否需要见您给出自己的看法。我发现，这个几乎无法评估，因为我卷入得太深了。

加布里埃尔一直情绪低落，经常泪流满面。但我确信，从短期来看，她完全有能力解决这个问题，以及其他问题。从长远来看，她是否有足够的创造力来解决问题，这是真正重要的事情，也是我无法评估的事情。在我看来，她有时有点伪装，不太像她自己，好像没有完全投入自己的言行当中。但是，也许，现在不是告诉您这些长期担忧的

---

[1] 1965年夏天是一个异常艰难的时期，其中有一段时间，我在生病。

时候。

我们按照加布里埃尔的要求,随函附上了她的口信。

加布里埃尔的口信

亲爱的温尼科特先生,亲爱的温尼科特先生,亲爱的温尼科特先生,希望您一切都好。(我不会写字)

妈妈来信(2个月后)

加布里埃尔现在似乎适应得很好,尽管我不知道这是由于什么原因。她已经变成了一个善于管理自己、有条不紊的小姑娘。无论做什么事情,都要经过深思熟虑才行。

她爱上幼儿园(每天去两个半小时),渴望结交朋友,但发现很难。她通常一个人玩,尽管玩得很有创意。她似乎很依赖妹妹的陪伴,因而和她变得非常亲密。

她对妈妈的看法比以前宽容多了。

和往常一样,她对人、对环境(包括对我本人)都有着深刻的洞察能力和表达能力。对此,我深感震惊。

每当提到您的名字,她就会沉下脸来,转移话题。每当我告诉她您打电话来问候她时(虽然我通常不会提及电话内容),她的反应也是一样的。过了一阵子,她告诉我,她认为,"瓦蒂"(以前我们很喜爱的家庭帮手)之所以离开了,是因为她不再喜欢加布里埃尔了。她还说,学校里的孩子们也不喜欢她。

大约在7月底8月初,她经历了一段非常艰难的时期。她看上去很沮丧,大半个晚上都无法入睡。起初,她不相信见不到您。她反复做着同一个梦,梦见我和她爸爸被切成碎片,放在容器里煮着。每当她闭上眼睛,画面就会重现,所以,她想方设法,不要睡去。

我在8月7日录下了下面这段对话,这段对话已经持续了一段时间。她说:"梦又来了,那个切成碎片的梦。"我说:"你不能把碎片整合起来,让它们感觉好一点吗?"她回答:"不,我不能。它们太小了,都成了碎片。开水也很伤人。太碎了,就像嘴里的小碎片,很疼。我必须去见温尼科特先生,去见温尼科特医生。他不是能让病人不生病吗?我认为他最喜欢我。他那里有很多精致的东西。我不能带苏斯去,她会把它们弄坏的。"

第二天,她说她已经设法把碎片拼在一起了,可总是有人又把它们弄散。我不知道这个幻想最终的结果是什么。不过,现在,似乎已经平息了。

过了几天,她郑重宣布:"恐怕我以前没有现在这么好。我是一个爱整洁的好女孩。我爱收拾。"她一直非常强调"爱收拾"这一点(从某种程度上来说,这在我们这样一个不爱整洁的家庭里算是一种福气)。我觉得,我对这个的理解只是停留在最表面的程度上。

母亲来信(3周以后)

加布里埃尔已经多次提出想见您,但是,我对她想见您的迫切程度一点头绪也没有。

以前,她让我告诉您,她生您的气了,不再想见您了。当我让她亲口告诉您或者口述一封信时,她说她太害羞了。

最近，她的破坏性极大。她急切地想找到"淘气"的事情去做，并为此感到沾沾自喜。她常常把东西撕毁、切碎或弄乱。总的来说，这是一种新的行为。她对事情的焦虑少了很多，我的意思是，明显少了很多。她还经常吮吸拇指，搓拧自己的头发。所以，她一定是遇到什么麻烦了。

第12次会诊

（1965年10月8日）

父女（现在4岁零1个月）打车到来的时候，我就在门口。爸爸径直走向候诊室。我说："加布里埃尔，你好。"她目不转睛地看着我，然后，像往常一样，径直走进玩具房间。玩具依旧堆放在架子下面。她肩上挂着一个相当重的皮包。她满意地看了我一眼，然后，坐在地板上，说："好吧，看看玩具吧。"然后，她拿起一只羔羊。

加布里埃尔：我们家里也有一个。来得太晚了，很抱歉。一路上，火车走走停停，走走停停，走走停停。后来，火车后面起火了，幸好没人受伤（完全是大人的语言）。接着，火车停了很久很久。火车应该开得很快，中间不能停下来。但是，我们坐的火车的确停了很久。

她一边说着这些话，一边组装一列火车。然后，一边自言自语，一边自己玩着……她组装了一堆迷你火车，包括一个马拉的货车和一个牵引机车。她很纳闷，有些车厢没有连接的地方。我听她小声说着"……连接不上……"。总之，能修好的就修，修不好的她就不要了。

这一次，我是坐在椅子上，而不是地板上（第一次这样），像往常一样写着笔记。令人惊讶的是，像往常一样，她对我和环境立刻有了信心。她是一个典型的"闹中取静"的人。她坐在地板上，一边玩着，一边喃喃自语。显然，她意识到了我的存在。

我注意到，当她弯腰去拿新的玩具时，会偶尔用身体碰碰我的腿。这一点也不夸张，她一点也没退缩。她和爸爸就是这样。有时，她几乎坐在我的鞋上，跟自己大声地说着什么，偶尔还会发出火车的汽笛声。一刻钟后，她说了一声："唷！"这意味着天气太热。不出所料，她很自然地把头靠在我的膝盖上。我继续一言不发。她的包仍然挂在肩上。当她撑起身体时，常常一只手放在她的包上。

她把四栋长房子摆成一个正方形，把另一栋

房子放在中间。我知道这意味着重要的事情，与她能够成为一个容器有关，我在脑海中把它与她背着的皮包联系了起来。大约在这个时候，她摘下了皮包，然后，把羊毛衫脱了下来。在整个过程中，她的身体都在摩擦我的膝盖，因为当时我坐在椅子上。她说天气很热，确实如此。接着，她玩起了那个残破的会唱歌的陀螺。这是一个微弱焦虑的信号，尽管事实上在整个一小时内焦虑并没有表现出来。这个信号具体表现在她环顾四周，看着我写东西。她从一个篮子里拿出东西来，一点一点分开。她的嘴唇在动，但是，除了像"玩具"这样特定的词语外，什么也听不清。接着，她转过身来，笑了笑。我知道，发生了什么特殊的事情。事实上，她找到了那个又小又旧的电灯泡，它在过去的会诊中扮演了重要的角色。

加布里埃尔：给它围上一条裙子。

我在灯泡周围裹了一些纸，它现在变成了一位女士。她把它放在我们面前的书柜上。

我：那是妈妈吗？

加布里埃尔：不是。

在会诊中，"是"和"不是"有着准确的含义，这是这个孩子说话的特点。

我：加布里埃尔有一天也想长成这样吗？

加布里埃尔：是的。

接触得多了，我能从正在发生的事情中察觉到焦虑。我看到她在用手指摩擦一辆小车，我依然保持沉默。

加布里埃尔：这辆车很傻，一会儿往这边走，一会儿往那边走，不应该这样的。

小车在她手中滚来滚去。然后，她拿起一个小人偶，她把它当作一个女性。

加布里埃尔：这位女士总是躺着。她一次又一次地躺下、躺下、躺下。

我：那是妈妈吗？

加布里埃尔：是的。

我试图获得更多的信息，但没有成功。她继续玩着，然后，她说："我们都有什么呢？"她在自言自语。"这个可以给我吗？还有这个……这个……这个……"接着，她对一些动物说，"你们站起来。"她把其中一种动物说成是黑色的："黑不算什么。这是什么？"

我对加布里埃尔使用黑色的想法一直很感兴趣，这是这个主题的新的版本。

我：你看不见黑色吗？

加布里埃尔：我看不见你，因为你是黑色的。

我：你是说，我不在的时候，就变成黑色的了，你就看不见我了？然后，你要来见我，好好看看我，看我是光亮的或者别的不黑的东西？

加布里埃尔：当我离开的时候，我看着你，你全身就变成黑的了。是这样的吧，温尼科特医生？

> 黑色在一定程度上是一种防御机制，即用"我不在时看不见我"替代"我不在时想念我"

我：所以，每隔一段时间，你就要见我一次，好让我变白。

这个想法她似乎已经处理过了。现在，她又开始好好玩了。她试图让一个小人偶站在一辆货车上，这是一个不可能完成的任务。在这个过程中，她的头撞到了我的膝盖。我无法完全理解正在发生的事情。

我：如果两次会诊之间的间隔很长，你就开始担心这个黑色的东西，就是我变黑了。然后呢，你又不知道这个黑色的东西是什么了。

这里，我指的是黑妈妈和她焦虑状态的黑色客体。

加布里埃尔：是的（以相当令人信服的方式回答道）。

我：所以，你来的时候，会好好看着我，好让我变回白色。

加布里埃尔：是的。

她现在又把话题转到她的手提包上,手提包在她坐着的地板上。

加布里埃尔:我的手提包里有一把钥匙。在这里。我希望它就在那里。(她开始摸钥匙)它能打开你的门。如果你想出去,我帮你锁上。你这里没有钥匙,是吗?

她花了很长时间整理包扣,并喃喃自语道:"我不行;不,我能行。"她不停地整理着,动作极其夸张。最终,包扣好了,她舒了一口气,表明她费了很大的劲儿才完成了工作(对抗冲突)。

她回到玩具那里,凝视着一个小篮子。我仍然什么也没说。她拿起那只狗(羊羔),按压它的肚子。这让我想起了她前两三次的所作所为,致使她把最后一次会诊搞得一塌糊涂。她把手指伸进另一只动物的肚子里,把里面的东西掏出来,撒了一地。当然,她自己也想起了同样的事情,她问:"温尼科特先生,那只狗在哪里?"我指着一个大信封,里面装着那只被掏空了的狗。她只"哦"了一声。

她又开始玩汽车了，把它放在自己鼻子和嘴巴边上。她拿起一支笔，碰巧是一支红色的蜡笔，猛地戳进自己的肚子里，然后，用它给"灯泡女士"的裙子上色，又给它戴上了一顶帽子（洗眼杯）。她用蜡笔敲打着灯泡头部，也许是想给它上色。然后，她把"灯泡女士"的裙子脱了下来（她说裙子代表自己是一个成年女性），开始用蜡笔在下面上色。她重新调整了裙子，给裙子上了红色。然后，她把一个小人偶倚在一所大房子上。

青春期的预演

> 我：那是什么？
>
> 加布里埃尔：小人偶快速跑进教堂。（然后，她说出了她一直以来的想法）信封里的狗怎么样了？它具体在哪儿？
>
> 我：想看就看看吧。
>
> 加布里埃尔：好吧。

她仔细研究着那个信封。她花了很长时间，到最后也没能把它从信封里拿出来。最终，她把它揉成一团，放回架子下面的位置，说："它的鼻子掉了，它没鼻子了，信封里的狗。"

她正在玩火车，开始表现出一些焦虑，尽管不是很明显。

> 加布里埃尔：我们马上要坐火车走了。我们把苏斯留在家里。苏斯可能很生气，因为我们离开得太久了。
>
> 我：一想到火车上就你和爸爸两个人待在一起，你就开始感到害怕，尤其是当你想到你想对他做什么事的时候，因为你想对爸爸做的事，就像把狗肚子里的东西全都掏出来一样。这个当时你都演示给我看了。

她对她正玩着的一节车厢说："别抓我的裙子！"然后，她开始穿上她的羊毛衫，这个过程花了很长的时间。

在这个过程中，她一直都在穿羊毛衫。会诊进行了45分钟，她说一切都结束了。羊毛衫穿上了。她累了。她站了起来，手放在包上。她打开包，拿出钥匙，在锁上捅着。

加布里埃尔继续玩着玩具。在这段时间里，

没有明显的焦虑。如果说有，那都是观察者根据行为和言语推测出来的。她玩了两个、三个、四个玩具。我解释说，她向我展示了她可以把两个人弄到一起，她可以介入爸爸妈妈中间，把他们弄在一起或把他们分开。那样，就变成了三个人。但是，她无法让苏珊介入进来，四个人不行。这似乎没问题。

> 加布里埃尔：温尼科特先生，我去一下厕所，马上回来。

她把包和玩具放在地板上，十分放心地走了出去。她慢慢把门关好（开始来做会诊时，这扇门很难关上，现在修好了。她似乎也注意到了变化）。3分钟后，她回来了，又慢慢把门关上，继续玩。

> 加布里埃尔（在包里翻着）：放……我把它放哪儿了？哪儿……（一再重复）钥匙应该在这儿，可是不在。哦，在那儿（它躺在玩具中间）。

于是，她拿着钥匙，在我的门上试了试（门闩盖住了钥匙孔，加上油漆粘住了，动不了。我试

焦虑。防御性退行进入了想法中

图帮助,但失败了)。

> 我:你可以试试另一边(外面)。
>
> 加布里埃尔:但是,我会把自己锁在外面(开玩笑)。我想待在里面。等我走的时候,我再从外面打开它……(暗示:这个想法就是行不通。)我不能进去让自己出来,只有把自己锁在里面才能出去。很快……
>
> 我:很快就要走了。
>
> 加布里埃尔:是的。如果我在外面锁门,就把你锁在里面了。
>
> 我:那样,我就成你包里的钥匙了。(这个几乎不需要说的)到时间了。

她已经准备好要走了,所以,她把手提包拿了出来,钥匙安全地放在里面,放在了合适的夹层里。但是,这时,包里掉出来一张明信片。我提醒她明信片掉了。她拿起来,给我看,说:"兔子过河。我们出去散步时,有时也会这样做。"她走了出去,用那神奇的钥匙把门关上,说了声"再见"。在她接回爸爸一起离开时,那声音一直在空中飘着,穿过了关着的门。

评论

我第一次坐在椅子上。

1. 内化客体的容器主题 = 温尼科特抱持和保护。

2. 她自己作为穿裙子的女孩。

3. 女人总是躺着的想法(月经主题的前期准备)。

4. 黑色作为对缺席的否认(可以看作对看不见的否认),掩盖了对缺席客体的记忆。

5. 手提包的锁;钥匙插在门锁里;裙子上的红色(月经)。

6. 对农牧神(或狗)的腹部的施虐性攻击引起的警惕。

7. 源于男人的孩子;对不成熟的容忍。

8. 第四个人的主题——没有妹妹苏珊的位置。

母亲来信

非常感谢您把上次加布里埃尔会诊情况的打字稿寄给我。您真是太慷慨了。我很高兴您知道我喜欢读它。

我想,我丈夫在电话里跟您说过,自从上次见面之后,她变得平静多了,很少吮拇指了,很少搞破坏了,对自己的弱点也能进行幽默的思考了。

前几天,我突然意识到,我们总是写信向您汇报加布里埃尔存在的问题,而不是她所取得的进步。此时此刻,谈一谈她的进步似乎更为迫切。

我想告诉您——虽然您可能知道——给您写信对我有多大帮助。不知何故,给您写信能让我清楚地认识到自己的困惑和恐惧,知道它们能得到您的理解;同时,给您写信也拉近了我和您之间的距离。我相信,这一切都能帮助我应对加布里埃尔的焦虑,并再次找到我们与她之间的正确关系。苏珊出生时,我非常焦虑。我忘了是否告诉过您,我有一个弟弟。我非常讨厌他。他出生的时候,我几乎和加布里埃尔在苏珊出生的时候一样大。

母亲来信

我正要坐下来给您写信的时候,您的信就到了。加布里埃尔似乎一直很不错,拇指啃得也少了,也能专心致志地玩了,而且,还能自己发明游戏。

两三天前,她抱怨说又做噩梦了。"温尼科特医生没有用。"接着,她又说,"电视天线倒了,他们是怎么又把它装好的?"

第二天吃午饭的时候,她说:"我去见温尼科特医生的次数越多,做的噩梦就越多。"我有点装模作样地说:"也许,它们想告诉你一些什么,你应该好好想想。"她说:"我不想。"接着,她对苏珊说:"我们得给温尼科特医生寄把刀去,把他的梦切碎。"她又转向我说:"为什么要叫他温尼科特医生?(这是她常问的问题)他本来就是医生。"然后,她嘴里嘟囔着"大夫、大夫"(这是苏珊对"巧克力"的称呼)。

午饭后,她口述了附呈的信。后来,她说:"温尼科特医生收到这封信会觉得很好玩。"我说:"这是有意搞笑呢,还是有意装严肃?"——"都有一点吧。"

加布里埃尔的信(口述)

我们会寄给你一把小刀,把你的梦切开;我们会寄给你我们的手指,把东西提起来;我们会寄给你一些雪球,让你在下雪的时候舔舔;我们会寄给你一些蜡笔,让你用来画一个人;你上大学时,我们会寄给你一套西装。

向你的花、你的树和你鱼塘里的鱼致以最美好的祝愿。[1]

爱你的

(签名)加布里埃尔

又及:我们怀着最美好的祝愿来看你。[2]

---

1 其实,温尼科特医生没有花园。但是,通过诊疗室的后窗可以看到一个小小的屋顶花园。
2 此处为加布里埃尔妈妈的话。

母亲来信

自从我上次写信给您（就在三四天前），加布里埃尔一直很难过，躺在地板上不停地吮吸着自己的拇指，稍有不顺便眼泪汪汪的，晚上也无法入睡。她急切地要求见您。她几次问我她给您的信里都说了什么，她说她已经忘记了。

她站在楼梯顶部，"一不小心"把一篮苹果滚到了苏珊身上，把苏珊的电话弄坏了。之后，她变得对自己非常凶狠，让苏珊使劲打她，自己也对自己痛下狠手。我对她严厉的自责感到害怕，尽管最近这种事情再也没有发生。

附言：重新看了一遍，我觉得我给您描绘的画面太阴暗了。我所描述的只是最近突然出现的情况，除此之外，我觉得自从上次和您见面以来，她总体上表现不错。

第13次会诊

（1965年11月23日）

加布里埃尔身上出现了一个新的特征，以害羞为主。她现在4岁零2个月了。她走进诊疗室，关上门，径直向玩具走去。我又坐在椅子上，伏在桌上做笔记。

　　加布里埃尔：出来（她一边把所有玩具都拿出来，放在地板上，一边自言自语着）。教堂放那儿，对吧，温尼科特先生？（房子的安排很特别）这些小房子排成一排，那些大房子排成一排。

我们姑且把这当作一排是孩子，一排是成年人。

　　加布里埃尔：是的，这些是成年人，这些

是孩子。

然后,她把孩子们分配给成年人。

  加布里埃尔:你知道吗?苏斯在等晚饭的时候,从婴儿车里摔了下来,把嘴唇磕破了。吃晚饭时,又把嘴唇咬破了。现在好了。好玩吧?好了。
  我:你也好了吗?
  加布里埃尔:没有。我划伤了,我挠了很久。

她在表明,她和苏珊正好相反,她让伤口张开着。可以看出,她是在谈论我扮演的各种角色。

  我:苏珊一直没有来见我。

(我知道,她经常想带苏珊来。但是,对她来说,重要的是,她不能带苏珊来,她要独自拥有我。)她继续玩着,说:"瞧,它从火车上掉下来了,我可以修。"她的确修好了。

我：你可以当修理工了，你现在不需要我当修理工了。所以，我就是温尼科特先生。

加布里埃尔：有人在火车上做修理工作。你知道吗？没有座位，我们不得不站着。我们走啊走啊，然后，我们找了个地方。那里有个包，有人把包忘在那里了。

她正在玩两辆货车，有时头对头，有时尾对尾。她说："国王所有的马都不能……"

我：都不能修理那个胖墩儿。
加布里埃尔：不能，因为他是个鸡蛋。
我：你觉得你自己修不好了？[1]
加布里埃尔：苏斯每天晚上都要一个鸡蛋，她很喜欢鸡蛋。我不太喜欢鸡蛋。苏斯非常喜欢吃鸡蛋，她只吃鸡蛋，好玩吗？

她在这里遇到了现实中修补的麻烦。

---

1 我认为在这里我犯了个错误，我应该等待和容许她的发展。

加布里埃尔：这个东西没地方固定。没有挂钩。能找一个吗？

玩具的摆放很特别，火车、货车和房屋平行排列，十分有序，但并非强迫性地整齐划一。加布里埃尔评论说："温尼科特医生有很多玩具可以玩。"她继续玩着火车，把它们从原本乱糟糟的玩具堆里拯救出来。

加布里埃尔：钩子是从这个上面掉下来的。真蠢。我要把它修好（她很熟练地修好了）。我可以再给装上去。

我：加布里埃尔也是个修理工。

加布里埃尔：爸爸会修理东西，我们都很聪明。妈妈一点也不聪明。在学校里，我为自己做了一台牵引机车，我也为苏斯做了一台。制作的时候，我弄得满身都是胶水，满地都是胶水。那是一台漂亮的牵引机车。给苏斯那台，我给落学校里了。后来，放期中假了，也没法回去拿了。你知道吗，温尼科特先生?火车一开始开得很慢,但是,在去伦敦的路上就没有停过(今天地上有雪)。然后,又提速了。

突然,加布里埃尔注意到她头顶上方架子上的大碗。

加布里埃尔:我喜欢那个上面画着中国画的碗。

她把画中玩游戏的孩子的所有细节都搞清楚了。我们不得不不停地转动那个碗。她说:"有个孩子摔倒了。"她注意到了一切,并对此感到满意。

加布里埃尔(唱歌):我很久没见你了,所以,我来见你的时候很害羞,我明天、后天、大后天都见不到你了。
我:你难过吗?
加布里埃尔:是的。我喜欢每天都见到你,但是,不行,因为我要上学。

我：你以前来，是要修补自己；你现在来，是因为喜欢来。你以前是来修补自己的，所以，不管上不上学都得来。现在，你只是喜欢来，所以，不能经常来。这的确令人伤心。

加布里埃尔：我来看你的时候，我是你的客人。你来牛津时，你是我的客人。好奇怪。也许，你可以在圣诞节后来看我。

我：你今天有什么需要修补的吗？

加布里埃尔：没有，我不会再碎了。现在，我要把这个打碎。这颗螺丝钉进去了。

我：是的，你自己修好了，你自己也能修好的。

加布里埃尔：今天，苏斯进了狗箱子里。这是一个新玩具。

她踩在大象身上，大象发出吱吱的叫声。

此时，她让我帮她修理那个她修不好的火车。

加布里埃尔：你是一个医生，一个真正的医生，这就是为什么大家叫你"温尼科特医生"。

我：你喜欢来修补自己，还是喜欢来玩？

加布里埃尔：喜欢来玩，因为那样我就可以多玩一会儿（她说得很肯定）。我能听到有人在外面吹口哨。

我没有听到。于是，我说："难道是我写字的声音？"

加布里埃尔：不是。现在有人在尖叫（真的）。钩子不够用。我们来找你的时候，有点早。所以，我们就四处走走。我得给苏珊[1]和妈妈买点东西。我喜欢苏珊，喜欢妈妈。

我：这里只有加布里埃尔和我。你来看我时，苏珊生气了吗？

加布里埃尔：你认识苏珊吗？她喜欢看我跳舞。她多大了？她2岁。我4岁了。下个生日，我5岁了，苏珊3岁了。

---

1 患者第一次正确地叫苏珊的名字。——译者注

这时，她几乎把所有玩具都平行摆放，有十几排。另外，还有3套房子，组成了一个角。

加布里埃尔：温尼科特医生，我去趟厕所。你照看一下玩具，别让爸爸进来。

她出去时，小心地关上了门，离开了大约3分钟。

加布里埃尔：温尼科特先生，我今天要多待一会儿。时间多了，就可以多玩一会儿了。我不急着走。

我：有时候，你对某件事感到害怕，就突然想离开。

加布里埃尔：因为时间不早了。我无法解开这个（我帮她解开了）。你觉得这个能放上去吗？（放到书架上，放在那个7岁女孩的肖像旁边）这个也可以放上去。不要把它们拿下来，好吗？把它们放在那里。

我：直到你下次再来。你觉得这给了你再次来找我的希望。

> 自我放纵的能力，同时伴随着焦虑

加布里埃尔：是的。一直以来都是这样。

　然后，她看着画像，画像安装在一个椭圆形的底座上。她说："看，她在一个鸡蛋里。"

　　我：如果她没有地方安放，就会像矮胖子一样摔得粉碎。但是，你在这里有自己的地方。

接着，她给我作了一个关于鸡蛋的讲座。

　　加布里埃尔：如果你把生鸡蛋打破，里面软软的东西就会流得到处都是，把沿途的一切都弄脏。但是，如果把鸡蛋煮熟了，再打开，只是裂开而已。
　　我：我在加布里埃尔身边放了一个鸡蛋，她感觉很好。
　　加布里埃尔：是的。

　然后，她拿起所有的蓝房子，摆成一个圆圈，再把红色的房子放在中间，说："我要弄一排这样的房子。"说着,她把所有的房子挤在一起,排成一排。

加布里埃尔:要是还有,我会把它们排在最后。

她在收集各种人偶、树木和动物:"东西不少啊。"(她口中念念有词)她让它们站在地毯的另一端。我听不清她在说什么,因为她在自言自语,显得那么快乐、轻松、满足、富有创造力和想象力。她背对着我,说了些类似这样的话:"就这样吧。温尼科特先生,我能拿走这个、这个和这个吗?我会带它们回来的。我要两个。我会给你留下三四个。我这里有三个了。"(其实,到了最后,她什么也没带,显然已经忘了这件事)

加布里埃尔:轮到谁清理浴室了?

答案似乎很复杂,这与妹妹争夺这一特权有关。从父母的角度来看,我觉得家里不应该存在这方面的竞争。她手里的动物玩具正发出各种动物的叫声。

　　加布里埃尔：我喜欢清洗浴室。你待在那里别动（她在和动物说话）。不是你，母牛；是你，狗狗。你，母牛，别动，否则……你会变成女巫的。

　　我：你是在跟我说梦吗？

　　加布里埃尔：是的。我不喜欢。太可怕了。变成一个小脚的小人。早上，我变成了巨人。过去没有商店。

　　我：嗯？（我鼓励她说下去）

　　加布里埃尔：过去没有商店。如果他们要卖薰衣草，就会到处吆喝："谁买我的薰衣草？"（唱歌）一个便士。如果苏斯不让谁上楼，就得付六便士。太多了吧？我只让他们付一便士，不多吧？

我试图理解她在暗示什么。她似乎是在说苏珊的小气和不厚道有关系。接着，她望着窗外。

　　加布里埃尔：有人有一个屋顶花园，真

好玩。我不能上去。我想知道他们是怎么浇花的。他们用一根铁棍把窗户打开,把水灌进烟囱里。然后,烟囱往外喷水,所有的花就都给浇了。烟囱里放了一把勺子,勺子往外喷水。就这样,反反复复,一遍一遍。(过了一会儿)那是你的棚子吗?哦,你到不了那里。那是塑料花吗?

我:不是,是真花。

加布里埃尔:我喜欢塑料花。那些是塑料花(不是真的)。

我:你喜欢真的孩子、真的动物,还是塑料孩子、塑料动物?(此处,她选择了真的)

加布里埃尔:那个木头东西是什么?(她发现了一把木制圆柱形尺子的末端,那是另一个孩子留下的,在书里。)要我拿出来吗?

我:好啊。

加布里埃尔:干什么用的?

我:那是一把尺子。

加布里埃尔把尺子当作擀面杖,仿佛这正是她一直在寻找的东西。先是擀面饼。接下来它还有另一个作用,即厨师角色。我向她指出了这一点。滚动发展成了一个游戏,涉及整个房间。

> 加布里埃尔:当女人来修理东西时,厨师假装睡着了。你得把她叫醒,这样,她才能多煮点饭。

当温尼科特扮演一个角色时,她试图表达温尼科特其他角色的作用。会修理的温尼科特医生度假去了,会做饭的温尼科特先生出场了。当她需要修补时,温尼科特医生就会回来。然后,她去鼓捣煤气灶。

> 加布里埃尔:燃煤灶(煤气灶)怎么点火?

我走过去,拧给她看。

> 我:现在,会修补的温尼科特和会做饭的温尼科特走了,还剩下一个会教书的温尼科特和一个会游戏的温尼科特。

（对我来说，在这个场合，被置于一旁了，毫无疑问，在四个角色中最有价值的是游戏角色，特别是她那个"闹中取静"角色。）此时，她想起了另一个角色，这个角色与废纸篓的使用有关，而废纸篓可以说是一个帮她处理废物的温尼科特，也就是"垃圾箱温尼科特"。

在这个过程中，加布里埃尔开发了一个有组织的游戏。在这个游戏中，我们来回转动尺子。她离我越来越近。这样，当她转动尺子时，尺子就会撞到我的膝盖。此刻，她赋予了我第五个角色，这对她来说十分重要，我成了她移动中可以触碰的人。通过这种方式，她可以区分什么是真实的她。有一次，当尺子碰到我的膝盖时，我顺势往后翻，兴致勃勃地玩着，给她想要的满足感。（对于这个年龄的孩子来说，除非她非常喜欢这个游戏，否则，很难领悟其中的含义。从原则上讲，分析者总是先让孩子充分享受这个游戏，然后，才去诠释其中的含义。）加布里埃尔似乎已经穷尽了我的使用清单。

在本次会诊最后的一段时间里，她觉得自己

之所以比平时待得久了一点，是因为她喜欢和我在一起，因为在那个时候，她不再感到害怕，她能感到快乐，并且，作为一个人，她能以积极的方式表达她与我的关系。最后，她在自己的角色清单上又增加了一个，并说："我把收拾整理的任务交给你了。"说完，她转身离开，并小心翼翼地把门关上。她从候诊室里把父亲叫了出来。这一次，我确实打开了门，向他们两人道别，因为在某种程度上，这是对父亲的一种姿态，我觉得加布里埃尔已经完成了任务，把她想告诉我的全都告诉我了。

评论

1. 把成人分配给孩子，将我"独占"。
2. 成为自身"修补者"能力的发展。
3. 火车（分析过程）移动缓慢，但一直开往伦敦（伦敦=目的地）。
4. 对会诊结束感到悲伤。
5. 在我生命中她的位置是安全的。
6. "身心恢复"的表达；很满意，极富创造力。

7. 对她利用过的温尼科特的各种角色的回顾。

父母来信（在国外度假期间写的）

加布里埃尔给我们看了您的来信，感谢您给她提供一个见面的机会。

她在许多方面都表现得很好，身体健壮，热情洋溢，在创立游戏和创作歌曲方面很有新意。

在这里，她经常一走就是几个小时，在冰河里划船，喜欢独辟蹊径，很好地接触了自身"牛仔"的一面。

在与陌生人（尤其是男性）接触时，她很害羞，很不自然，那种虚假的女性气质令人痛心。陌生人通常更喜欢她的妹妹苏珊。苏珊有着一头鬈发，性格外向，没脸没皮，不像加布里埃尔那样，犹豫不决，扭扭捏捏。

加布里埃尔和苏珊关系很好。她非常细心地照顾妹妹，想方设法哄她高兴，并常常作为她和我们之间的调解人。令人惊讶的是，她常常通过转移苏珊的注意力，或者创造性的思维（而不是直接攻击)来达到自己的目的,尽管有时她很痛苦、很无助,还颇受嫉妒情绪和苏珊的笨拙所困扰。前几天,就在两人闹得很凶的时候,她突然吻了苏珊一下,说:"可是,我喜欢你。"这一点和苏珊很不一样。苏珊时而狂热地仰望加布里埃尔,时而又冷酷地想要摧毁她的优越感。

第14次会诊

（1966年3月18日）

加布里埃尔（现在4岁零6个月）是和爸爸一起来的。再次来到前门，她显得非常高兴。我站在原地，一动不动。她躲在爸爸身后，蹑手蹑脚地走着。她径直进入房间，说："我要把外套脱了。"然后，她把外套扔在地板上，立即伸手去拿玩具。她一边摆放，一边说着："嗒，嗒，嗒，噢，这个缠在一起了。"我发现，她的鼻子堵得厉害，而且，没过多久，她又开始咳嗽了。除此之外，她的身体状况很好。

加布里埃尔：这儿，这儿，对了！

她背对着我，在地板上忙得不可开交。她把眼前的会诊和以前的联系起来了。她所说的话描述了她正在忙活的事情。突然，她问道："是这样的吗？"她表现出一种极易认同的超我。我说："是的，我想是的。不过，你爱怎么做就怎么做。"

加布里埃尔继续讲着她是怎么找到玩具的。好像她把它们都放在了一个袋子里。这会儿，她在一个袋子里发现了两个，在另一个袋子里又发现了两个。她试图把不同种类的火车车厢连接起来。然后，她给了我一个东西，让我修理，这是她以前经常做的事情。在我修理的时候，她朝书架上的一个新的玩具走去。那是一个小男孩拉着一个雪橇，雪橇上坐着一个小女孩。

> 加布里埃尔：这是圣诞节的吗？很漂亮。能活动吗？
>
> 我：你想着它能动，就能动。

接着，她走到我身旁，拿我修好的东西。

> 加布里埃尔：谢谢。我要把所有玩具都拿出来。

她把所有玩具堆在地板上，又和"老朋友"

见面了。

  加布里埃尔：看，这个篮子上有些草莓污渍，这个也是。

  所以，它们都是放草莓的篮子。随着一声惊呼，她拿起篮子，把里面的东西全都倒在别的玩具上了。

  加布里埃尔：这个应该在那里，对吧？

她挑出了驴车，这本来应该在书架上的。

  我：它是怎么和其他玩具弄到一起的？
  加布里埃尔：有一次，我们把它从书架上拿下来了。

  这时，她的身体正接触着我的膝盖。她拿起了小羊，说道："这只狗怎么了？"我把装有狗的信封递给了她。

加布里埃尔：它怎么在这里？（她往里看着）你还没有把它修好？你太淘气了吧！你真的应该把它修好。

然后，她拿着那个神秘的东西说："这是什么？"我们从来不知道它是什么。可能是会歌唱的陀螺的一部分。

加布里埃尔：这是什么？一点都不好。

我说那是油轮，她说没有钩子。现在接近"重识老友"的尾声了。她说："你有贝壳吗？我想听声音。"此时，她正坐在我的脚上，我提到了和她爸爸一起坐在海滩上的事。她似乎觉得她和海滩之间有什么联系，她无法相信没有大海的声音。

她拿起一个有许多轮子的火车，数了数轮子，给它们涂上了颜色。她抚摸着火车头，用嘴亲着它，然后，从后往前越过头顶。这个活动变成了一场游戏。最后，火车头从她脸上掉了下来，落在地板上，伴随着一声巨响，高潮迭起。她试图把这个连接到一节车厢上,但没有成功。她拿起两个人偶(一个老头,一个小男孩),让它们坐在地板上,并说:"你坐这儿,你坐那儿。"然后,她开始重复以往的细节,说道:"你能(在灯泡上)画画吗?上下画个'之'字形。这是一个真的灯泡。"我把灯泡弄掉了。

  加布里埃尔:它应该在阳光下亮起来。

  游戏快结束了。她对我说:"你去教堂吗?"我不知道如何作答。

  我:嗯,有时候。你呢?
  加布里埃尔:我想去,但是,妈妈和爸爸不想去。不知道为什么。
  我:人为什么要去教堂?
  加布里埃尔:不知道。
  我:跟上帝有关系吗?
  加布里埃尔:没有。

  此时此刻,她拿起一个房子,嘴里自言自语

着。她想起了上一次游戏中的一个东西，问道："那个滚动的东西在哪里？"那是另一个患者留下的圆柱尺。我发现了它，她以此设计了一个游戏，成了她交流的主要部分。由于和过去有联系，所以，玩起来有很多"捷径"。

渐渐地，我把这个游戏的内容变成了一种解释。这具体表现在她藏了起来，但是，我最终还是找到了她。然后，我说："哦，我想起来我忘记什么了。"虽然这个游戏包含了巨大的快乐，但也潜藏着焦虑和悲伤。无论是谁躲起来，都必须露出一条腿或者什么东西，这样，就不会延长因忘记失踪人员而带来的痛苦。除了别的原因之外，这与她长时间见不到我的情况有关。渐渐地，游戏改变了，其最大的特点是躲藏的方式。例如，我不得不在她躲着的桌子后面爬来爬去，然后，我俩就"不期而遇"了。很明显，她在玩一个"出生"的游戏。我曾经说得很清楚，她高兴的一个原因是她"独占"了我。这里有一个细节可以证明，那就是，当她走出前门时，我听到她问她爸爸："苏斯在哪里？"

最终，我不得不在窗帘下大喊一声，这似乎

> 应对分离和结束的各种反应

是分娩的情景。接着，我不得不变成一个房子，她蹑手蹑脚地走进来，迅速变大，直到我把她推出去。随着游戏的发展，我一边把她推出去，一边喊道："我恨你。"

她觉得这个游戏很刺激。突然，她感到两腿之间很痛，并迅速出去排尿。这个游戏的高潮是，当婴儿太大时，母亲需要摆脱婴儿。与此相关的是对变得越来越大、越来越老的悲伤，并且，玩母亲体内出生的游戏越来越困难。

此次会诊是在这样的情景下结束的：她拿起房间中央的两个窗帘，带着它们来回跑着。

加布里埃尔：我是风！请当心！

游戏中没有太多敌意，我指的是呼吸，呼吸是活着的基本要素，也是出生前无法享受的东西。

此时此刻，她愿意回去了。

评论

1. 与超我和谐相处。

2. 努力克服对长期分离的反应,并为会诊的结束做准备。

3. 出生的主题。

第15次会诊

（1966年8月3日）

加布里埃尔（现在快5岁了）和爸爸一起来的。她看起来很好，活脱脱一个心理健康的人。她十分热切，充满期待。我们聊了聊她刚刚度过的假期，又聊了聊水暖工正在为我维修的房子。她径直走向玩具（她爸爸去了候诊室），我在小桌旁矮椅子上坐下来做笔记之前，她一边拿起那个会唱歌的旧陀螺，一边说"多好的狗狗啊！""我现在4岁了——在8月份"（意思是她快5岁了）。此时，发生了很多事情，无法记录下来，因为玩具太多了，要想把所有细节都记录下来，只能是一鳞半爪，挂一漏万。

加布里埃尔：船、我的短裤，在哪儿？

我给她看了看圆柱形尺子，她在上次会诊中

用它玩了一个特殊的游戏。

> 加布里埃尔：太好了，我们来玩游戏……

我走到房间的中央，我们各就各位。我假装不知道怎么玩，她给我演示了如何滚动手中的尺子。当尺子击中我的膝盖时，我摔倒在地。接下来，便是一段时间的"捉迷藏"游戏。我把这个记录下来了。她看到以后便说："你总是写个不停。"我告诉她，我做记录是为了能记住会诊中发生的一切细节。

> 我：其实，不做笔记，我也可以记住发生的一切，不过，细节就保不住了。我喜欢把一切都记下来，这样，就能全面考虑了。

我们玩了一阵滚尺子游戏，接着是捉迷藏。我说，她是想让我知道，当我们分开或度假时，她忘记了我，我也忘记了她，但是，我们真的知道我们可以找到对方。

很快，她就用这种捉迷藏的语言说完了她要

没有绝望情绪的分离

说的话，然后，回到了玩具那里。她拿起那个上面画着人脸的小电灯泡，放到嘴边，深情地看着我。然后，她撩起裙子，提到短裤的位置。这是音乐舞会上的邀请方式。与此同时，她说她知道"好国王温斯拉"的滑稽说法，这是跟妈妈学的：

  加布里埃尔：好国王温斯拉望着斯蒂芬的宴会。

      一个雪球击中了他的鼻子，
      鼻子顿时变得歪歪扭扭，
      痛得他撕心裂肺，呼天抢地。
      一轮明月，当空升起，
      骡子背上驮着一个神医……

  整个过程充满了兴奋。我把她和她玩的那只狗给画了下来。一开始，只是灯泡上那张脸的复制品。

  加布里埃尔：我让你看看我会画什么。我一般不画耳朵。它有一头长发，美丽的长发。看，我画到另一张纸上了，画到桌子上了。有点乱啊……

我说她似乎是在画一个梦，有些梦已经进入了现实生活，这似乎正是她想要的。

我觉得，她现在已经把一切都带入了移情，并根据自己与分析师内在主观形象的积极关系，重新安排了她的整个生活。

> 我：游泳池就在这个房间里，一切都在这里发生，一切都有可能发生。

她说她的手湿了，因为她在游泳。

> 加布里埃尔：我要在灯上画出我能画的东西。

此时的她心平气和，她把玩具全都倒了出来。她正唱着一首以"在一起"为主题的歌曲。

> 加布里埃尔：你的地板太乱了！

我得去修理一个钩子。她一边玩着，一边

没完没了地叨叨着。然后，她拿起那个父亲人偶（大约7厘米长，非常逼真，是根据烟斗通条制作的），开始虐待它。

  加布里埃尔：我在扭他的腿（等等）。
  我：哦，哦。（作为对接受指定角色的诠释）
  加布里埃尔：我在拧他的——他的——胳膊。
  我：哦。
  加布里埃尔：他的脖子！
  我：哦。
  加布里埃尔：都拧遍了。他给拧成螺旋了。我要拧你一把，你要使劲哭。
  我：哦，哦，噢……

她很高兴。

  加布里埃尔：现在，什么都没剩了，都扭遍了，腿也掉了，头也掉了，你不能哭。我马上就把你扔了。没人爱你。
  我：所以，苏珊永远不能得到我。

加布里埃尔：每个人都讨厌你。

于是，她又拿起一个男孩人偶，重复着刚才的动作。

> 为恨而恨（参见前几次会诊）

加布里埃尔：我在扭男孩的腿（等等）。

在整个过程中，我说："所以，你创造的温尼科特是你一个人的。他现在给用完了，没有人能得到他了。"

她让我再哭一次，但我抗议说，我再也哭不出来了。

我：一切都没了。
加布里埃尔：没人会再见到你了。你是医生吗？
我：是的，我是医生，我可以是苏珊的医生，但你创造的温尼科特永远完蛋了。
加布里埃尔：我创造了你。

她正在玩火车（制造第一列火车）。

　　加布里埃尔：我想把这个弄下来。
　　我：弄不下来。

事实上，她知道牵引机车是和干草车厢连在一起的，不能分开。

　　加布里埃尔：天哪，弄不下来。

此时，她说一切看起来都是蓝色的。她拿起两个洗眼杯，并透过它们看着周边的一切。她问如何才能把洗眼杯固定在她的眼睛上，这样，她就有了游泳或在水下的感觉。于是，我们睁大眼睛，四目对视着。我可以用我的眼轮匝肌夹住洗眼杯。经过一些练习，她也可以做到了。

　　加布里埃尔：我想把它们带回家。

然后，她给我讲着在法国路边发现的陶器碎片，并通过孩子的考古视角，告诉我说发现了远古的生命。接着，她开始探索着蜡笔罐，发现或重新发现了强力胶。这正是她想要的东西。于是，她开始了她的最后一个游戏（但是，她还有别的话要说。比如，我收到她寄给我的信了吗？诸如此类的事情）。

她拿起一张纸，把强力胶放在中间，做一个方形框架。她想知道我还会见到多少患者。

  我：你是我假期前的最后一个。
  加布里埃尔：我5岁了，马上就5岁了。

她表示，她想见我以便结束这次治疗：温尼科特已经在她4岁时完成任务。

  我：我也想结束和你的治疗关系。这样，我就可以成为别的温尼科特了，而不必成为你创造的治疗师温尼科特了。

可以看出，她用强力胶做的这件事暗示的是被摧毁和被弄死的温尼科特的墓碑或纪念碑。在她的暗示下，我拿起一张纸，在上面画了一个加布里埃尔。然后，我开始扭它的胳膊、腿和头，问她疼不疼。她笑了,说:"不疼,好痒!"

她在强力胶周围做了很多装饰,包括红色。这是要带回家的东西。带给苏珊正好。

> 加布里埃尔:必须多放一点蓝色。

纸叠了起来,强力胶都用完了。我帮她打了一个洞,这样,绳子就可以系上了。它现在变成了一只风筝。

> 加布里埃尔:我要去找爸爸,和他要漂亮的瓷砖,上面有快乐的男孩。

她让我看着风筝,自己去取了两块古董瓷砖(上面有快乐男孩)。那是她爸爸买的,用纸包着,好像是给妈妈的礼物。我拿在手里欣赏着。
她继续向爸爸解释着。

> 加布里埃尔:他给用完了。没人想见温尼科特了。全用完了。我把它撕碎了。这是我给苏斯做的礼物。臭烘烘的,很可怕。强力胶都

用完了，你得再买一些，不会再有了。

我趁机补充了一些关于结束会诊的话，以表明被摧毁的男性形象和纪念碑的意义。她听了很高兴。

> 加布里埃尔：我满手都是。我玩的这个东西黏糊糊的。它叫什么来着？哦，对，强力胶。好可怕的名字，好可怕的气味。我们用的是"唷呼"，一点味道也没有，你知道吗……

看得出来，她是要在各方面和各种意义上"了解"我，我也是这么说的。她说："没错，就是要了解你。"

> 我：所以，如果我去你家，如果我看到苏珊，那将是一个完全不同的温尼科特，不是你创造的那个。你创造的那个是你自己的，现在，已经了解了。
>
> 加布里埃尔：现在，所有的胶水都用完了，我们该怎么办？温尼科特全都变成了碎

片。当一切都没了，我们该怎么办？很高兴再也见不到那个黏糊糊的温尼科特。没有人稀罕他。如果你来找我们，我会说"黏糊糊的家伙来了"，我们会跑开的。

会诊就这样结束了。

  加布里埃尔：我喜欢画画，当我去……这是一张漂亮的纸。我该走了吗？
  我：是的，差不多了。
  加布里埃尔：我得去洗一下了。我会回来看你的。把它（风筝）染成红色。

在她洗手的时候，我抓着风筝的线。她回来了，拿上风筝，和爸爸一起走了出去。她试图把那又湿又黏的风筝放起来。

评论

1. 在与年龄相符的成熟中表现得容光焕发，生机盎然。

2. 应对分离,知道重聚是可能的。

3. 锻炼女性的魅力。

4. 总结分析,在积极的移情中重新组织她的生活。

5. 因此,可以好好地恨,可以好好地感受,因为它不会破坏良好的内在分析体验。

第16次会诊

（1966年10月28日）

加布里埃尔现在5岁零2个月了。这次会诊与以往不同。事实上，这更像是老朋友之间的会面。她和爸爸来早了，等了5分钟后，爸爸去了候诊室。她很快适应了房间里的各种变化，并开始做她显然计划好了的事情。

我们一起度过的时间大致可以分为3个部分，第1部分最为重要。她开口要那个蒸汽压路机，实际上，就是圆柱形尺子。我们玩了25分钟老游戏。玩的过程中，她并不怎么兴奋，但符合5岁孩子玩游戏的特点。她把"蒸汽压路机"压向我。到现在为止，所有通向拐角的路线我们都很熟悉。在游戏过程中，她一个接一个地占据着自己的位置。我必须开始记起还有一个我已经忘记的人，然后，慢慢寻找她。最后，我会找到她。然后，她开始找我。她继续玩着，直到她觉得玩够了，就进入第2部分时间的内容。

当我像过去一样坐在小椅子上写记录时,她背对着我,坐在地板上"闹中取静"。她对着小动物和别的玩具说着话,只有想让我听的时候,声音才会很大。一开始,她拿着小羊说:"狗呢?"我找到了装着狗的"遗骸"的信封。她跟我讲起狗身上那个洞,并用手指探索着。她说狗肚子里不是很空,可以站立。于是,她把它放在小羊旁边。然后,她把玩具桶倒空了。有一段时间,她在连接一列火车。说话的声音很清晰,不过是自言自语。有一次,她说:"你看我做的火车多长!"但是,这个火车并不长,她只是记得前几次会诊时的情况,并不是为了沟通而玩这个游戏。

> 我:你在提醒自己,当你还是小猪猪而不是大加布里埃尔的时候,玩具对你来说意味着什么。
>
> 加布里埃尔:再玩一次吧。

她把她拿走的几个玩具又小心翼翼地放回原处,并把它们归置在书架下面。她拿起一个篮子和其他玩具，嘴里说着"你在这里"，眼里充满着爱意。在这个过程中，她的头碰到了我的胳膊肘。这不是故意的，她也没有退缩。碰巧了而已。她把狗放回信封，说了声再见。她把小羊放在信封旁边。然后，她说："好了！"意思是我们要做点不一样的事情。

我们站了起来。起初，我们似乎要继续玩"滚子"游戏（捉迷藏）。然而，她却拿了一本儿童图画书。我和她坐在一起，翻看着。她非常仔细地看着每一页，似乎很喜欢我给她讲的小故事。接着，我们又看了另一本书，里面有很多图片。但是，由于这本有点难懂，我们又换了一个绘本故事。她翻动着书页，我和她一起读完了这个故事。最后，她挑了一本动物书。认识的动物，她都能叫出名字来。她非常高兴，非常满足。我给了她一个跟我谈论事情的机会。这时，"黑色"这个词出现在故事里了。我趁机让她想起"黑妈妈"的事。

我：有些想法，你不好意思告诉我。

她赞同我的说法，但似乎有些敷衍。

我：我知道你什么时候真的很害羞，那就是你想告诉我你爱我的时候。

这一次，她完全肯定了我的说法。

现在，到了第3部分时间的内容，也就是说再见的时候了。她完全准备好要走了，她去接她的父亲。她显然对这次来访非常满意，我看不到任何失望的迹象，即便一开始有，现在也没了。她说再见的时候，显得很自然。现在，我看到的是一个真实自然的、精神健康的5岁女孩。

患者父母的编后记

一些读者可能会对父母在这种情况下的一些经历感兴趣,并可能想了解一下孩子的近况。

允许父母参与孩子的成长和修复过程对他们来说是很有价值的。这可以防止以下事情的发生:父母的感受被忽略,因此,可能成为与治疗师竞争和对抗的牺牲品;或者出于对治疗师或孩子的嫉妒,为了避免这种痛苦的感觉,以及避免可能由此产生的潜在的障碍,父母可能会主动退出与孩子之间的活生生的关系,转而把孩子交给一个知识渊博的专业权威。

尽管外行的非专业参与让读者感到担心,但是,这种危险在治疗师的机智(感觉)和长期经验面前很容易化解。之所以如此,是因为治疗师拥有渊博的知识，以及自由运用这些知识的能力，而这一切都会给人留下非常值得信赖的感觉。

或许，父母也可以在"按需治疗"利弊的讨论中进上一言。

当时，我们感到不能接受任何其他方式的治疗。此外，能和治疗师达成一致，知道什么时候进行下一次会诊最为合适，那种感觉简直难以名状。我们在读了治疗师的会诊手稿之后确实感到惊讶，因为这让我们意识到了患者是如何从上一次治疗中发现线索（似乎两次治疗之间没有任何间隔），又是如何为下一步会诊做好准备的。

然而，如果在这个框架下不能按需进行治疗时（如在第11次会诊和第12次会诊之间），可能会引起强烈的反响。就本案例来说，它差一点在患者内心引发一场灾难。

读者可能也想知道患者的近况如何，以及这样一个治疗过程的长期结果是什么。

现在的加布里埃尔是一个真实自然的女孩，能和校内的同龄孩子打成一片。她似乎已经恢复了治疗前所失去的自信。8岁左右时，她学习上出现了一些困难（在学校里感到无聊，阅读也跟不上），但是，现在，一切都很顺利，总能从学习中找到乐趣。她温顺听话，从不疯疯癫癫。此时，她的理想是当一位生物老师，而她的主要爱好是种植和培养室内植物。她有着明确的价值观念、独立的判断能力，可以和任何人打交道。这一切都让人想知道，在深层次上得到理解的经历能否在今后的生活中继续发挥作用。

后来，对会诊的评论几乎没有了。如果说有，也是对记忆或某个游戏项目的轻声一笑。温尼科特博士去世的噩耗是由一个朋友在不经意间带来的，而她的即刻反应被遮盖在社交情境中了。温尼科特博士早在治疗过程中就以最敏感的方式让她为他的死亡做好了准备。从那以后，她曾在合适的场合提到过一两回那次治疗的情况。

温尼科特博士喜欢在会诊期间做记录。当时，加布里埃尔认为他在写自传，而她本人也莫名其妙地成为其中的一小部分，她说："他总是写，我总是玩。"

当与她讨论出版这份材料（她还没有看到）时，她起初有点犹豫。但是，后来，她认为这份材料的出版可能会造福他人（但愿如此），也就同意了。

1975年

在喧嚣的世界里,

坚持以匠人心态认认真真打磨每一本书,

坚持为读者提供

有用、有趣、有品位、有价值的阅读。

愿我们在阅读中相知相遇,在阅读中成长蜕变!

好读,只为优质阅读。

一个女孩的精神分析治疗笔记

策划出品:好读文化	监　　制:姚常伟
责任编辑:郭丽芳　周　艺	产品经理:姜晴川
装帧设计:MM末末美书 QQ:974364105	内文制作:鸣阅空间

© 民主与建设出版社，2023

图书在版编目（CIP）数据

一个女孩的精神分析治疗笔记 /（英）唐纳德·W. 温尼科特著 ; 张积模, 江美娜译 . -- 北京 : 民主与建设出版社, 2023.9
ISBN 978-7-5139-4185-3

Ⅰ.①—… Ⅱ.①唐…②张…③江… Ⅲ.①儿童—精神分析 Ⅳ.① B844.1

中国国家版本馆 CIP 数据核字（2023）第 079355 号

一个女孩的精神分析治疗笔记
YIGE NÜHAI DE JINGSHEN FENXI ZHILIAO BIJI

著　　者	［英］唐纳德·W. 温尼科特
译　　者	张积模　江美娜
责任编辑	郭丽芳　周　艺
封面设计	末末美书
出版发行	民主与建设出版社有限责任公司
电　　话	（010）59417747 59419778
社　　址	北京市海淀区西三环中路 10 号望海楼 E 座 7 层
邮　　编	100142
印　　刷	嘉业印刷（天津）有限公司
版　　次	2023 年 9 月第 1 版
印　　次	2023 年 9 月第 1 次印刷
开　　本	787mm×1092mm　1/32
印　　张	8
字　　数	145 千字
书　　号	ISBN 978-7-5139-4185-3
定　　价	49.80 元

注：如有印、装质量问题，请与出版社联系。